饲草种子生产技术

◎杜利霞 陈立坤 编著

中国农业科学技术出版社

图书在版编目(CIP)数据

饲草种子生产技术 / 杜利霞，陈立坤编著. —北京：中国农业科学技术出版社，2013.6

ISBN 978-7-5116-1272-4

Ⅰ. ①饲…　Ⅱ. ①杜…②陈…　Ⅲ. ①牧草-种子-生产技术　Ⅳ. ①S540.35

中国版本图书馆 CIP 数据核字（2013）第 085721 号

责任编辑　张孝安
责任校对　贾晓红

出 版 者　中国农业科学技术出版社
　　　　　北京市中关村南大街 12 号　邮编：100081
电　　话　(010)82109708(编辑室)
　　　　　(010)82109702(发行部)
　　　　　(010)82109709(读者服务部)
传　　真　(010)82106650
网　　址　http://www.castp.cn
经 销 者　各地新华书店
印 刷 者　北京科信印刷有限公司
开　　本　787mm×1 092mm　1/16
印　　张　12.875　　彩插　8 页
字　　数　210 千字
版　　次　2013 年 6 月第 1 版　2014 年 6 月第 2 次印刷
定　　价　28.00 元

前　言

饲草种子是退化草地改良、人工草地建植和天然草地补播所必需的物质基础，也是水土保持和城市绿地建设的基础材料，饲草种子更为重要的是畜牧业安全健康发展的基础。饲草种子质量优劣不仅影响饲草的产量和草地改良的效果，而且影响到畜产品的产量和品质、是决定种植业和畜牧业收成的关键。无生活力的种子只能是有种无收，浪费人力和物力；劣质种子给予的条件再优越也难以获得丰产。但是，在饲草的种植过程中，只有优良的饲草种子是不够的，优良的种子配合适宜的栽培技术，才能发挥良种的优势，获得高产、稳产和优质的饲草饲料，从而获得优质的畜产品。所以饲草种子的种植生产技术在提高种子质量中发挥着重要作用。2012 年中央一号文件中指出着力抓好种业创新，强化基层公益性农技推广服务，大力培训农村实用人才等，受国家政策推动，种业将迎来前所未有的发展。本书正是为满足科研和技术人员的需求，在多年教学和实践经验的基础上，查阅多方资料编写而成的。内容包括种子生产田的建植、播种、管理、收获和加工，以及对于销售的管理，在这一系列工作程序中所注意的问题和采取的方法，以及主要饲草种子生产技术的实践操作。该书实用性很强，可以作为研究人员、研究生和本科生的参考书，也可以作为专业人员、非专业人员在饲草种子生产过程中的工具书。

本书是由山西农业大学和四川省草原科学研究院共同协作完成，是在“十一五”国家科技支撑计划课题（2007BAD56B01）、山西省科技攻关项目（20120311011-1）、山西省科技基础条件平台建设项目（2012091004-0101）和四川国家公益性行业（农业）科研专项－饲区优质高效饲草生产利用技术研究示范（201003023）资助下完成。本书共七章内容，其中第一章、第二章、第五章、第六章、第七章、第八章由杜利霞完成，绪论、第三章、第四章由陈立坤完成，四川省草原科学研究院研究员、博士生导师白史且，山西农业大学教授、博士生导师董宽虎审稿。在书稿的编写过程中受到了许庆方教授、李洪泉研究员、赵祥教授的指导，在此表示深深的感谢。特别要感谢内蒙古农业大学李青丰教授为本书提供的种子图片，同时，感谢好友邢秀兰对书稿的修改、内蒙古自治区（全书简称为内蒙古）赤峰市草原站王岩春的帮助和中国农业科学技术出版社编辑们为本书出版付出的辛勤劳动！

本书由于编著人员学识和经验有限，在编写过程中的错误和不足在所难免，望读者和专家多提宝贵意见，以便今后不断完善和补充。

编著者

2012 年 12 月

目 录

绪 论

畜牧业的发展离不开草业，草业是发展现代集约化畜牧业的物质基础，而饲草种子是草业的基础，也是治理生态环境、改良退化草地和种植人工饲草饲料地所必需的物质基础。畜牧业生产中的饲草良种应当是品种纯度高、清洁、饱满、生活力强、水分含量低、不带病虫及杂草的具有较高生产能力的种子。而种子繁殖田的优劣直接影响到种子的质量，饲草种子的繁育不仅要注意产量的提高，而且更重要的是生产大量品质优良的种子。因此，饲草种子的繁殖不但影响饲草种子产量的高低和质量优劣，且直接关系到生产、使用和经营者的利益，所以，饲草种子的生产是促进我国畜牧业现代化和农业经济发展的重大举措之一，对于我国经济发展与生态建设的成功与否具有重要的意义。

一、饲草种子生产

（一）饲草种子生产概念

饲草种子生产是指采用最新技术繁育优良品种和杂交亲本的原种，保持和提高饲草种子的种性；按良种生产技术规程，迅速地生产市场需要的、质量合格的和生产上作为播种材料大量使用的种子、种苗以及无性播种材料。饲草种子生产的任务是充分发挥优良品种的优良特性，实行品种更换；有计划地进行品种更新。

（二）饲草种子产量组成

饲草种子产量指单位面积上形成的种子重量，取决于：单位面积的生殖枝数目；每个生殖枝上的花序数（禾本科饲草为小穗数）；每个花序上的小花数（禾本科饲草为每个小穗上的小花数）；每个小花中的胚珠数；平均种子重量。种子产量可用以下 3 种方式表示。

1. 潜在种子产量（potential seed yield）

潜在种子产量又称理论种子产量，是种植饲草的单位面积土地上花期出现的胚珠数乘以单粒种子的平均重量，即单位面积土地理论上能获得的最大种子数量。

豆科饲草潜在种子产量 = 花序数/单位面积 × 小花数/花序 × 胚珠数/小花 × 平均种子重量

禾本科饲草潜在种子产量 = 生殖枝数/单位面积 × 小穗数/生殖枝 × 小花数/小穗 × 平均种子重量

2. 表现种子产量（presentation seed yield）

表现种子产量为单位面积土地上所实现的潜在种子产量数，即饲草植株上结实种子数乘以平均种子重量，由潜在种子产量中除去未授粉、未受精和受精后败育胚珠之后的种子产量。

豆科饲草表现种子产量 = 花序数/单位面积 × 小花数/花序 × 种子数/小花（或胚珠数/小花 × 结实率） × 平均种子重量

禾本科饲草表现种子产量 = 生殖枝数/单位面积 × 小穗数/生殖枝 × 种子数/小穗（或小花数/小穗 × 结实率） × 平均种子重量

3. 饲草的实际种子产量（harvested seed yield）

实际种子产量也称收获种子产量，为实际收获的种子产量，即从表现种子产量中除去因落粒和收获过程中损失的种子之后获得的种子产量。

实际种子产量 = 表现种子产量 －（落粒损失的种子量 + 收获过程损失的种子量）

（三）潜在种子产量高而实际种子产量低的原因

饲草潜在种子产量的高低主要依赖于单位土地面积上花序数目，每一花序的小花数目及每一小花中胚珠数目的多少。而潜在种子产量实现的百分比（即表现种子产量占潜在种子产量的百分比）取决于开花、传粉、受精及种子发育过程中气候条件的好坏和管理水平的高低、传粉率的高低、受精率的高低及受精后种子发育过程中因营养或病虫情况出现的败育率的高低，最终决定于每一小花中实际成熟的种子数及平均种子数量。实际种子产量的高低除取决于决定表现种子产量高低的因素外，还取决于饲草开花、成熟的一致性、落粒性和收获的难易程度及收获机械等因素。饲草种子生产过程中，实际收获的种子数量很低，与潜在种子产量相差甚远（表 1），造成这种差距的原因很多，主要表现在以下 3 方面。

表 1 冷季型饲草及部分农作物潜在种子产量和实际种子产量

种名	花序数（个/m²）	花数/花序	胚珠数/花	千粒重（g）	潜在种子产量（t/hm²）	结实率（%）	实际种子产量	
							t/hm²	占潜在种子产量（%）
紫花苜蓿	3 750	16	10	2.0	12.10	8	0.5	4
白三叶	600	100	6	0.5	1.8	50	0.4	22
红三叶	750	110	2	1.6	2.6	25	0.6	23
百脉根	400	6	40	1.2	1.2	40	0.2	17
多年生黑麦草	200	200	1	2.0	8.0	40	1.0	13
鸭茅	600	760	1	1.0	4.6	40	0.8	17
高羊茅	660	680	1	2.0	9.0	50	1.0	11
玉米	8	900	1	300.0	21.6	90	10.0	45
小麦	500	2	1	200.0	22.4	75	6.0	26

（Lorenzetti，1993）

1. 饲草小花的传粉、受精率低，受精后合子发育过程中败育率高

有的饲草受病虫害影响。例如，禾本科饲草中未能授粉或受精的小花约占 20%；受精后 10d 以内败育的合子数多，如多年生黑麦草占 30%；之后败育的种子比例小于 5%；20% ~50% 的小花最终不能产生具有生活力的种子。紫花苜蓿小花的田间结荚率只有 20%，自然条件下，种子的败育率为 54%；百脉根小花的结荚率为 1/3，最初结荚的荚果中有 60% 的胚珠败育，最终种子数/荚果为 8 ~20 个。

2. 饲草的落粒性强

饲草种子野生性状比较强，主要表现在种子成熟后在植株上持留性差，成熟后随着就脱落。多年生黑麦草、草地羊茅、多花黑麦草、鸭茅等饲草种子收获时种子落粒可达 100 ~290kg/hm²。豆科种子成熟后荚果炸裂率更高，百脉根种子成熟后荚果炸裂率为每天 10%，8d 后为 7% ~80%。

3. 收获过程中的损失

刈割、搬运、捡拾和脱粒过程中造成一定损失，从而使实际产量降低。这与饲草种子及品种特性、收获时间和收获条件等有关。禾本科饲草种子收

获过程中的损失为13% ~42%，三叶草为12% ~75%；一般情况下饲草从表现种子产量到实际种子产量，因自然落粒和收获过程中的损失占30% ~70%。

饲草种子生产就是要尽可能地降低各种损失，提高实际种子产量，从而使实际种子产量接近潜在种子产量。这就要在种子生产过程的每一个环节入手，如生产地的选择、田间管理、收获时间和收获方式的合理选择，来提高实际种子产量。

二、我国饲草种子生产现状及存在的问题

我国的饲草种子生产起步较晚，主要在近20年取得了一些实质性的发展。20世纪90年代中后期以来，逐渐兴起的饲草产业，已初步形成了集种子繁育、饲草种植、饲草种子生产的草业产业链。优质饲草种子是发展草业生产的第一生产资料，是振兴草业的基础。大力发展饲草种子生产，不仅是饲草产业发展的需求，也是退耕还草工程得以顺利进行的根本保证。但是，我国饲草种子生产能力不足，不能满足市场需求，从2001 ~2008年，全国专业的饲草种子生产田保留面积很低，且2004年之后呈平稳发展的趋势（表2）。由于种子生产面积少，产量低，每年需从国外大量进口优质饲草和草坪草种子，仅2001年从国外进口1.3万t草种，而世界进入国际种子市场的饲草种子每年大约有20万t，所以同其他国家相比，我国饲草种子生产还存在很大差距，同时也存在很多问题。

表2　2001 ~2008年全国专业饲草种子产量

年份	草种生产量（万t）	草种生产面积（万 hm^2）
2001	12.8	15.73
2002	9.5	18.00
2003	12.6	18.67
2004	17.2	27.27
2005	14.6	22.07
2006	13.8	22.27
2007	14.7	23.47
2008	15.0	22.27

（范少先等，2011）

（一）饲草种子生产方式原始，效益低

饲草种子生产效益低是制约我国饲草种子生产的主要因素之一。而造成饲草种子效益低的主要原因就是产量和质量水平偏低。我国的专业饲草种子生产田数量有限，大多是将饲草种子生产作为饲草生产的副产品，从而缺乏对饲草种子生产的田间管理，致使饲草种子产量很低。我国饲草种子生产规模小、面积分散，难以形成连片，缺乏地域性生产基地。饲草种子生产主要是以企业或个人小规模种植为主，通过人工收割，晾晒后，经过碾压，传统筛选等落后的手段为主要的生产模式，直接造成种子收获率低、质量差。种子生产技术落后是导致种子质量差，品种纯度无法保证，市场竞争力很低的又一原因。和进行商品化饲草种子生产的国家相比，我国在饲草种子的收获、清选和加工设备上还存在很大差距，缺乏适于小种子清选的设备，缺乏禾本科饲草去芒、去毛等设备，机械化程度很低。这些都是制约我国饲草种子生产规模化和种子质量提高的主要因素。

（二）资源管理力度不够，很难进行标准化生产

首先，我国的品种注册制度中缺乏品种世代等级的概念，对不同等级的种子不能有效控制其生产及繁育。由于种子田种源及种子生产的混乱，致使品种混杂、退化现象严重，品种寿命缩短。其次，品种注册后的监督措施不力，有许多品种似乎是专门为注册登记而培育的，一旦得以登记，则万事大吉。在已注册登记的几百个饲草品种中有多少品种得到了大面积的应用？有多少已经消失很难说清。新品种的繁育及推广投资大、见效慢。目前，国家对育种及引种等方面还有一些资助，但对品种育成后的种子生产资助不够。除少数品种能得到国家的保种费或项目资助外，大部分品种的种子生产繁育无保证。许多育种者不得不使用育种研究中结余下来的经费进行保种繁殖。经费用完之日往往成为品种消失之时。这是造成我国饲草品种寿命短的重要原因之一。

标准化生产的滞后制约了饲草的质量。目前，饲草种植大多分布在西部和华北边远山区，立地条件较差、种植分散，一家一户又没有购置收获、加工等机械设备的条件和动力，给饲草机械化作业带来很大影响。同时，进行饲草种子生产的生产田均未按种子生产标准化要求建立，生产上未执行统一

的管理办法和质量分级标准，所生产的种子品种混杂、品质退化和杂草种子含量高。与其他产业一样，饲草产业的持续健康发展也离不开行业的标准、规范来约束和指导科学生产。而目前我国还没有对饲草种子、饲草加工产品（草粉、草颗粒、草块、草捆）等制定相应的标准；对饲草生产环节的施肥、培土、收割、烘干（晾晒）、贮藏等也没有制定具体的操作规程。最终导致种子杂质多、饲草杂草多、草产品质量差等突出问题，影响了草产品的国内销售和出口。

（三）种子经营混乱，法律法规建设力度不够

种子经营普遍存在着投机性强、经营混乱等问题，许多经营者无经营执照，出售种子时不提供任何质量证明。特别是近年来由于饲草种子供应较紧张，价格也极不稳定，一些不法经营者不遵守有关法律法规，随意收购低劣种子，掺杂使假，哄抬物价，牟取暴利，严重干扰了饲草种子市场的正常秩序，给草地建设造成极大为害。另外，许多生产经营者对饲草种子生产不作任何市场预测，生产与经销具有较大的盲目性。再加上市场信息不畅，造成产销脱节，使一些地区种子积压，极大地挫伤了农户的生产积极性。同时又有一些地区饲草种子缺乏，而供不应求。

草种业方面的法律法规不健全是我国草种生产和市场流通受到限制的另一原因。草种业发达国家都建立健全了草种质量检验和草种认证制度等保障体系。自20世纪70年代初，英国、美国等发达国家颁布了一系列法律法规，如《国际种子检验规程》《种子认证手册》等，这对草种市场的规范和健康发展都有一定的促进作用。我国草种业法律法规发展方面起步相对较晚，一方面限制了法律法规发展的进程，另一方面人们对这方面的认识不深，致使我国草种市场在流通和贸易方面存在许多问题。

三、我国草种业未来发展趋势分析

尽管存在着上述许多问题，但我国饲草种子业仍具有良好的发展前景。

第一，从产量上看饲草种子生产有较大的增产潜力。饲草种子的大田实际产量与试验小区产量之间相差甚多（一般为2～3倍）。由于目前我国饲草种子田条件甚差，基本上无管理措施。因而，增产的潜力还是很大的，只要加强种子田的管理，种子产量就能大幅度提高。

第二，近年来饲草种子价格大幅度的提高是我国饲草种子业发展的一个契机。按目前价格计算，饲草种子生产效益与作物生产效益之间的差距已大大缩小，一些饲草的种子生产效益已能与作物生产相比。且因其有生产成本低、耐粗放管理等特点，已开始能够被人们接受。特别是在生产条件较差（如无浇水条件）、地旷人稀的草原地区及半农半牧区，种植饲草在好年景时可以收获种子，坏年景时可以刈割收做饲草，具有较大灵活性。从饲草种子的市场、生产状况及价格的走势分析，近几年内饲草种子的需求量将稳步增加，其价格仍会上升。

第三，持续发展的战略和草场有偿承包制的落实使广大农牧民有了建设和保护草原的主动性和积极性，推动了饲草种子业的发展。长期的草场承包合同使广大农牧民不得不考虑草场建设的问题。作为草场建设所需要的种子，自然就有了市场，而市场的兴旺必然会带动起饲草种子业的发展。除草原畜牧业生产方面的需求外，随着国家对环境问题的日益重视，城乡绿化对饲草和草坪草种子的需求也在不断增加。

第四，草种业向区域化、规模化推进的同时促进了草种业的区域化和规模化生产。近年来，随着我国种植业结构的优化调整和畜牧业区域化、规模化、集约化的发展，饲草种植正在逐步向羊、牛、兔、鹅等草食畜禽优势产区集中，这些地区在发展饲草种植时立足发挥当地资源优势，结合畜牧业发展情况，已由零星的一家一户种植逐步向规模化方向迈进。当前，我国的饲草产业主要分布在甘肃省、河北省、陕西省、山东省、山西省、内蒙古自治区、黑龙江省、吉林省、辽宁省、海南省、四川省、云南省等省区，饲草种植的“两区一带”格局基本形成。饲草加工已逐步形成东北、华北和西北草产品生产加工优势产业带，青藏高原和南方草产品生产加工优势区。未来，随着我国畜牧业生产结构的继续调整，节粮型草食畜牧业区域化的进一步发展，在饲草种植业将继续向区域化、规模化推进的同时，草种业也会进入区域化和规模化生产。

第五，草产品需求快速增加，进一步促进了草种业的发展。当前，我国的畜牧业，特别是草食畜牧业已发展到相当大的规模，传统的“秸秆＋精料”的粗放型饲喂模式已难以为继，近年来频发的畜产品质量安全事件更为草食畜牧业的传统饲养方式敲响了警钟。例如，自奶业中的“三聚氰胺”事件发生以来，国家政策及奶业市场不断推动着奶牛业的转型，对苜蓿的需求量快速增加。苜蓿进口量迅速提高，2009 年，我国进口苜蓿干草 7.66 万 t，同比增加 290.9%；出口苜蓿干草 1.11 万 t，同比减少 58.7%。随着奶业市场和其他畜产品市场的不断规范，我国对草产品的需求会快速增加，这将会推动我国草种业的快速发展。

四、我国草种业发展对策

（一）建立健全草种业发展有关的政策法规

建立国家草种生产品种审定机构与体系，开展种子田间审定和检验工作，把好品种田间纯度与净度关。加强草种检验机构的建设，创造条件建立国际级草种检验中心，并尽快使我国的检验技术与国际接轨。加大执法力度，对所有草种经营生产部门进行严格的监督和抽查。同时，也不断强化执法宣传工作的广度和深度，提高广大农民及种子经营者的法制观念。对凡从事草种生产和经营的单位及个人必须全面实行三证（饲草种子许可证、种子经营许可证、种子检验合格证）一照（营业执照）制度，限制无照经营，净化饲草种子市场，杜绝伪劣饲草种子的产生及在市场上的流通。对一些违反有关法律法规的经营者，要依法严肃处理，以保障饲草种子生产者、经营者和使用者的合法权益。建立和完善进口草种的有关制度和法规，使广大草种经营公司在引进草种时具有切实的法律依据，以提高引种的质量，规范草种贸易市场，确保我国草种业的发展沿着有序的轨道进行。

（二）建立专门的草种生产基地和草种经营单位

在气候条件、土地条件好的地区要建立专门的草种生产基地，或是农民联手合作，连片规模化生产。通过建立草种业合作社等组织形式，把同一片土地的农民联合起来，采取统种、统管、统收、统售，进行连片规模化生产管理，方便机械化作业，保证技术到位，实现科学种、科学管、科学收，提高生产水平和综合效益。同时，在草种经营单位之间强化竞争意识，不断提高种子质量，优胜劣汰。对重要的草种生产基地应配备必要的良好的收获、清选和加工机械，并进行种子生产与技术开发，促进我国饲草种子标准化、产业化和商品化一条龙的进程，在选定基地上做出示范并在适宜地区全面展开，形成规模化生产。

（三）强化社会化服务体系建设，提高组织化程度

加强饲草生产技术服务组织建设，强化服务功能，是提高饲草生产技术水平的关键环节。一是围绕饲草生产加工基地建设开展技术服务，为农牧民提供生产、加工、贮藏、运输、信息、资金、技术等系统化服务。二是要大力发展农牧区多种形式的合作经营组织，发挥其在产销衔接、信息技术服务、组织销售、协调销售价格等方面的作用。加强草种经营、管理的信息交流，努力改变产销脱节的现象，更不准出现严重积压乃至造成严重浪费的现象。三是草种经营单位内部要强化管理，使广大员工明确自身职责，端正经营思想，强化服务意识，加强技术培训，提高基层草业服务站专业技术人员的服务水平，严把草种质量关。

我国草种业与国外相比差距还很大，但其发展潜力很大，特别是后奥运时代改变了人们的观念和对居住条件、生态环境的态度，这对草种的流通市场是一个有利条件。但我国草种业的发展是一个不断发展和不断完善的过程，需要几代人的共同努力。特别是在加入世贸组织之后，我国草种业的发展正面临着更大的机遇和挑战。在这种大背景下，只有在各个方面加快草种产业水平的提升，才能使得我国草种产业更好更快发展。只有使我国草种业的生产、经营与管理最终走向科学化、规范化和系统化，开创中国独具特色的草种业体系，我国的草种业才能得到可持续发展，才能在国际的竞争中处于领先地位。

第一章　饲草的繁殖方式

植物在长期的进化过程中由于自然选择和人工选择的原因，形成了不同的繁殖方式。繁殖方式不同，其后代群体的遗传特点不同，在生产中使用的品种类型也不同，所以种子生产的方法和程序也就不同。饲草的繁殖方式有种子繁殖与营养繁殖。

第一节　种子繁殖

种子繁殖就是利用种子来繁殖后代，由于产生种子的来源和器官不同把种子繁殖分为有性繁殖和无融合生殖两类。

一、有性繁殖方式（sexual reproduction）

由雌配子（卵细胞）和雄配子（精细胞）相互结合（受精）而形成受精卵，再由受精卵发育成为新的个体的生殖方式，叫作有性繁殖。根据参与受精的雌、雄配子的来源不同，以及花器构造、开花习性、传粉方式和环境条件等，有性繁殖可分为 3 种类型。

（一）自花授粉植物（self pollinated plant）

同一朵花所产生的精细胞和卵细胞结合而繁殖后代的植物，叫自花授粉植物。自花授粉植物遗传特点是群体同质，个体基因型纯合，基因型与表现型相对一致，自交无害，不断自交导致纯合。其异交率一般不超过 4%。常见的自花授粉饲草有燕麦、苏丹草、扁穗雀麦、加拿大披碱草、南苜蓿、胡枝子、地三叶等。这些植物的花器构造和开花结实习性的特点是：雌雄同花，花期相同，花瓣无鲜艳色泽和特殊香味，开花时间短，花器保护严密，不易接受外来花粉，多为闭花授粉。

（二）异花授粉植物（cross pollinated plant）

通过异株或异花产生的精细胞和卵细胞结合而繁殖后代的植物，叫异化授粉植物。其遗传特点是个体内异质，个体间基因型、表现型不一致；后代容易出现性状分离；强迫自交，会出现近交衰退。异花授粉植物的异交率高于50%，高者甚至可达95%以上。在自然条件下，主要依靠风、昆虫等媒介进行传播花粉。这类植物又根据雌雄位置不同分为4类。

1. 雌雄异株

雌花和雄花分别生长在不同植株上，属于单性花，有雌雄株之分，如大麻、山葡萄、石刁柏等。

2. 雌雄同株异花

雌花和雄花在同一植株上，但不在同一朵花内，也属于单性花，如玉米、蓖麻、瓜类等。

3. 雌雄同花自交不亲和

此类属于两性花，雌雄在同一朵花内，自花授粉不结实或结实率很低，但可以接受外来的花粉结实，同时也可以给其他植株授粉。例如，禾本科的黑麦、荞麦、冰草属、黑麦草类、羊草、高羊茅、老芒麦、小糠草、猫尾草、狗牙根、偃麦草等；豆科的紫花苜蓿、黄花苜蓿、红豆草、红三叶、白三叶、杂三叶、草木樨、百脉根、羽扇豆等。

4. 雄性不育

这类植物的雌蕊和雄蕊在同一朵花内，雌蕊发育正常，但雄蕊发育不正常，不能给雌蕊授粉，但可以接受外来的花粉而结实，所以称为雄性不育。

（三）常异花授粉植物（often cross pollinated plant）

常异花授粉植物为自花授粉植物与异花授粉植物的中间类型，以自花授粉为主，但常常发生异花授粉，其天然异交率在4%～50%。这类植物的花器构造和开花特点是：雌雄同花，花瓣鲜艳有蜜腺，能引诱昆虫传粉，雌雄不等长或成熟不一致，雌蕊外露，易接受外来花粉，开花时间长。强迫自交时，大多数不表现明显的自交不亲和现象，例如：高粱、蚕豆、人参、细齿草木樨等。

二、无融合生殖（apomixes）

胚囊中不经过雌、雄性细胞融合的受精过程，而直接产生胚，从而产生种子，这类现象称为无融合生殖。无融合生殖是有性繁殖向无性繁殖（营养繁殖）过渡的一种方式，此类植物可形成性器官，但不通过受精就可产生胚和种子；它不通过营养器官而是通过种子繁殖。例如，许多禾本科大麦属、狼尾草属、拂子茅属等都是这种繁殖方式。

无融合生殖可以发生于正常单倍体胚囊中，也可由胚囊内的助细胞或反足细胞直接发育成为胚，这种现象称为无配子生殖。他们所产生的胚，均是单倍体，由它发育形成的植株也是单倍体，无法进行减数分裂。所以，无融合生殖又可分为以下几种类型。

1. 单倍体配子体的无融合生殖

单倍体配子体无融合生殖是指雌雄配子体不经过正常受精而产生单倍体胚（n）的一种生殖方式，简称单性生殖。凡由卵细胞未经过受精而发育成有机体的生殖方式，称为孤雌生殖。而精子进入胚囊后卵发生退化、解体，雄核取代了卵核地位，在卵细胞质内发育成仅具有父本染色体的胚，称为孤雄生殖。

2. 二倍体配子体的无融合生殖

二倍体配子体的无融合生殖是指从二倍体的配子体发育而形成孢子体的那些无融合生殖类型。胚囊是由造孢细胞形成或者由邻近的珠心细胞形成，由于没有经过减数分裂，故胚囊里所有核都是二倍体（$2n$），因此，又称为不减数单性生殖。

3. 不定胚

直接由珠心或珠被的二倍体细胞产生不定胚，完全不经过配子阶段。这种现象在柑橘类中往往是与配子融合同时发生的。柑橘类中常出现多胚现象，其中一个胚就是正常受精发育而成的，其余的胚则是由珠心组织的二倍体的体细胞进入胚囊发育成的不定胚。

三、植物授粉方式的判断

植物的授粉方式可以从以下方面进行判断。

1. 研究花器构造、开花习性、传粉方式、花粉萌发与雄蕊柱头的关系以

及胚囊中卵细胞的受精情况，可判断授粉方式

植物的花器构造、开花习性和传粉方式是经验判断植物传粉方式的主要依据，如雌雄异株、雌雄同株异花以及其他有利于异交的方式，还有花器比较大，花鲜艳等可判断为异花授粉；而闭花授粉、花器较小、开花时花不艳丽可以判断为自花授粉。

2. 采用隔离单株的方法强迫自交，观察其结实是否正常

隔离方式有空间隔离和机械隔离。常用机械隔离法，如利用套袋隔离。植株在隔离条件下如不能正常结实，表明其基本上为异花授粉。但有不少异花授粉植物如玉米，在套袋自交条件下也容易结实。对这类植物要进一步根据隔离单株的近亲繁殖效果判断授粉方式。如近亲繁殖后代出现明显的退化现象，生长势削弱，出现畸形个体等不利效应，则可能是异花授粉；否则应视为自花授粉植物。

3. 采用遗传试验测定

利用一对基因控制某种相对性状，测定时，用具有隐性性状的一个品种作为母本，另一个具有显性标志性状的品种作为父本，父本母本间行种植或父本种在母本的周围，自由传粉后，从母本上收获种子，下年播种后，从其产生的 F_1 代中统计显性个体出现的比率，即为自然异交率。

自然异交率（%）$=F_1$ 代具有显性性状的植株数/F_1 代总植株数 $\times100$

测定时，要考虑行距、种植方式、花期相遇和昆虫传粉与光照、风向、温度、湿度以及这些因素的相互作用对自然异交率的影响。

第二节　营养繁殖

营养繁殖是指不经生殖细胞结合的受精过程，由母体的一部分直接产生子代的繁殖方法，常见营养繁殖的饲草是利用根茎等扦插繁殖的。如赖草、羊草、早熟禾、高羊茅等。营养繁殖植物的遗传特点是表型基本上与母体一致，没有分离，遗传简单，生育期和长势比较整齐，在自然情况下可发生芽变。

一、营养繁殖有关概念

1. 营养繁殖器官

营养繁殖器官是指用来繁殖后代和扩大群体的“种物”，如块茎、块根、

接穗、根茎、匍匐茎、插枝、根蘖、鳞茎、球茎等。

2. 无性系（clone）

无性系是指由同一植株无性繁殖的后代，也称无性繁殖系或营养系。

3. 繁殖体（propagate）

每一个无性繁殖系的个体叫繁殖体。

二、营养繁殖方式

（一）扦插

扦插也称插条，是一种培育植物的常用繁殖方法。可以剪取某些植物的茎、叶、根、芽等（在园艺上称插穗），或插入土中、沙中，或浸泡在水中，等到生根后就可栽种，使之成为独立的新植株。在农林业生产中，不同植物扦插时对条件有不同需求。了解和顺应它们的需求，才能获得更高的繁殖成功率。根据选取作为插条的植物营养器官的不同，把营养繁殖分为叶插、茎插和根插3类。

1. 叶插

利用叶片容易生根，并产生不定芽来繁殖后代，这主要用于花卉类。叶插时将叶片分切成数段分别扦插。如龙舌兰科的虎尾兰属种类，可将壮实的叶片截成7～10cm的小段，略干燥后将下端插入基质。景天科的神刀也可以将叶切成3cm左右的小段，平置在基质上也能生根并长出幼株。

2. 茎插

茎插适用的种类最多，凡是柱状、鞭状、带状和长球形的种类，都可以将茎切成5～10cm的小段，待切口干燥后插入基质，插时注意上下不可颠倒。大多多年生豆科饲草都可以进行茎（枝）插，如紫花苜蓿、红豆草、沙打旺等。扦插最适宜的时期是孕蕾前期，这时扦插成活率高，能繁殖较多的数量。开花以后扦插、成活率逐渐降低。从生长时期来说春季萌发后植株高度达30cm左右即可扦插。

由母株基部剪取的枝条，需要整修后再扦插。每个插条要求在其顶端保留一个叶节。插条的长度不限，每个插条应从叶节的上部靠近节的地方来剪取，这样可以同时剪掉分枝和小叶而只保留托叶内的腋芽。一般一个插条约有5cm长，个别可达10cm，短的2～3cm也可以成活。这样，一个母株可繁殖几十株甚至上百株。把准备好的插条插入准备好的花盆或苗床中，以烧杯覆盖为限，株距2～5cm。扦插时叶节留在齐地面处，插好后再浇少量水分，以使茎与土壤紧密接触。扦插在苗床的需覆盖塑料薄膜以保持湿度。每天给苗床浇水一次，保持覆盖物内的饱和湿度状态。扦插四周后，根系已开始形成，地上部分可达10～15cm，植株可开始锻炼以逐步由覆盖过渡到无覆盖。锻炼开始时每天19：00时去掉覆盖物，第二天10：00前再盖上。锻炼一周，就可以完全去掉覆盖物，开始独立生活。

3. 根插

可将植株粗壮的根用利刀切下，埋入壤土中，也能成功地长出新株，成活率较高。或具有地下根茎的多年生饲草，如赖草、羊草、白草等，取地下根茎，把根茎切成5～10cm的小段，埋入土中。根茎可以长出不定根和不定芽从而形成新的植株。

扦插时要选择母株长势旺盛、枝叶粗壮、生长充实、时间短、腋芽饱满、无病虫害的新生枝条作为插穗，以利成活。自然湿度条件下扦插的最适时期为6～9月，大多数饲草在20～25℃的温度下最易生根。扦插后在扦插盆上或苗床上罩以塑料薄膜，以保持一定的湿度和温度。为避免日光暴晒，引起水分大量蒸腾而导致叶片萎蔫，影响成活，要注意遮阳，把扦插盆放在荫蔽处。应根据天气情况，适时喷水，保持适宜的空气温度。喷水不宜过多，以免基质湿度过大，影响生根。插穗生根后，再停半月左右，就可移出栽入盆中，先放在荫蔽处缓苗，待根系发育良好，植株健壮后，再逐步移到阳光充足之处，按常规进行管理。

（二）压条

将植物的枝、蔓压埋于湿润的基质中，待其生根后与母株割离，形成新植株的方法，又称压枝。枝条保持原样，即不脱离母株，将其一部分埋于土中，待其生根后再与母株断开。成株压条率高，但繁殖系数小，多用于茎节和节间容易自然生根，用其他方法繁殖困难，或要繁殖较大的新株时采用。压条时间在温暖地区一年四季均可进行，北方多在春季进行。

压条选用当年生或二年生健壮的新枝，过老或过嫩的枝条不易生根。先在母株旁边挖一小沟，沟的长短、深浅依枝条而定。小沟壁靠近母株的一面要挖成垂直面，这样，便于枝条直立伸出地面。当根系已经形成，枝条上端长出枝叶的时候，就可以把发育完整的压条从母株上切断，进行常规管理。放牧草地上的冷蒿因家畜的践踏而自然利用了压条的方式来繁衍后代，还有百里香、星毛委陵菜等都是采取这样的方式进行繁衍后代的。

（三）分株

由无性系或基株进行克隆生长产生的在遗传上一致的植株。将植物的根、茎基部长出的小分枝与母株相连的地方切断，然后分别栽植，使之长成独立的新植株的繁殖方法，称为分株。此法简单易行，成活快。

1. 全分法

将母株连根全部从土中挖出，用手或剪刀分割成若干小株丛，每一小株丛，可带 1 ~ 3 个枝条，下部带根，分别移栽到他处或花盆中。草坪的移栽采用此方法。

2. 半分法

不必将母株全部挖出，只在母株的四周、两侧或一侧把土挖出，露出根系，用剪刀剪成带 1 ~ 3 个枝条的小株丛，下部带根，这些小株丛移栽别处，就可以长成新的植株，如鸢尾、石竹等。

第三节　饲草的繁殖方式与种子生产

一、有性繁殖与种子生产

1. 自花授粉植物的种子生产

自花授粉植物是在长期的自然选择作用下，产生和保存下来的。有利于种的生存和繁衍，所以，自花授粉植物具有自交不退化或退化缓慢的特点。由于雌雄配子同质结合，群体同质，基因型纯合，表现型一致，遗传结构比较简单，所以种子生产也比较简单。只需要从原始群体中进行一次单株选择，便可获得遗传性状整齐一致的原种，对原种再进行一次或多次繁殖，即可得到生产用种。在生产过程中，品种不会发生生物学混杂，只要防止不同形式的机械混杂就能达到防杂保纯的目的。

2. 异花授粉植物的种子生产

异花授粉植物由来源不同、遗传性不同的两性细胞结合而产生异质结合子所繁衍的后代，是一个复杂的异质群体，基因型杂合，表现型多样，遗传结构比较复杂。异花授粉植物强迫自交，会出现自交（近交）衰退，所以，生产上使用杂交种。先通过自交结合，选出基因型纯合而表现型一致的优良自交系，再通过自交系配制杂交种，来利用杂种优势。在种子生产过程中，防杂保纯是主要任务。要有严格的隔离措施和控制授粉工作，防止生物学混杂，同时要防止机械混杂。

3. 常异花授粉植物的种子生产

这类植物以自花授粉为主，主要性状处于同质结合状态，但由于天然异交率较高，遗传基础也比较复杂，群体多处于异质结合状态。生产上使用的品种多为群体品种或综合品种。在种子生产过程中，要严格隔离种植，及时去杂去劣，防止异交混杂，同时防止各种形式的机械混杂。

二、无性繁殖方式与种子生产

无性繁殖植物的遗传方式比较简单，从一个单株通过无性繁殖产生后代，后代的遗传物质来源于父本或母本一方，所以基因型和父本或母本相同，表现型整齐一致。生产上使用的多为通过杂交育种培育的优良群体或杂种优势通过无性繁殖的方式固定下来。在种子生产过程中，要及时去杂去劣，以防混杂退化。同时要注意病毒病，以避免良种的退化。

营养繁殖比种子繁殖成苗快，提前开花与坐果。还有就是选材容易，一般不受时间限制。可进行营养繁殖的饲草植物，其遗传特点与自花授粉植物相同，一般都采用一次混合选择和一次单株选择法。另外，营养繁殖经常可以发生芽变，选择变异了的块根或块茎，可以获得新的类型或品种。

第二章 环境与饲草种子生产

相对于其他作物来讲，由于饲草的总体育种目标是营养生长，而并非生殖生长，故一般饲草种子的产量均较低。而且大多数饲草具有野生性强、开花时间长、种子发育不整齐、容易落粒等特性，所以进行饲草种子生产所要求的自然条件和生产技术都要比进行作物种子生产时更高。因此，饲草种子生产对生产条件的要求往往与进行饲草生产时有很大差异，决定一个品种是否适于在某一地区生产种子的主要环境因素是气候和土地等因素，其次是人工培育条件。

第一节 自然环境与饲草种子生产

一、地理位置

饲草种子生产有其地域性，不能盲目进行种子生产，如果种子生产地区选择不慎，就会造成经济损失。

我国饲草种子生产经过多年的研究和多点多区域的种植尝试已经形成了明显的地域性。如紫花苜蓿的种子生产区域在甘肃省河西、宁夏回族自治区（以下称宁夏）河套、内蒙古自治区（以下称内蒙古）赤峰地区；老芒麦的种子生产在河北省坝上地区、沙打旺的种子生产在内蒙古赤峰地区、多花黑麦草种子生产在四川省九寨沟地区、吉林省白城地区羊草种子生产、海南省三亚地区柱花草的种子生产、甘肃省河西地区的高羊茅种子生产等。根据饲草种子生产对气候条件的要求，经过大量的科学研究和实践，表明我国新疆维吾尔自治区（以下称新疆）大部分地区降水的季节分布和光热条件都与美国西部饲草种子生产区相似，种子生产潜力很大，河西走廊、黄河的河套地区也适于温带饲草种子的生产，只要满足了灌溉条件，有潜力发展成为我国温带饲草种子的集中生产区，这些地区将成为国际上第二个“禾本科饲草种子之都”。而海南省作为我国部分热带饲草种子的生产区，可发展成为我国柱花草种子的重要生产基地。

畜牧业发达国家已实现了饲草种子生产的地域化，如美国西北部俄勒冈州的 Willamette 峡谷、加拿大西南部、荷兰 Polder 地区、新西兰南岛 Canterbury 平原以及丹麦西部 Jutland 是目前世界上冷季型饲草种子生产的主要地区。俄勒冈州 Willamette 峡谷的气候为典型的地中海气候，冬季湿润、冷凉，夏季干旱、高温，生长期 271d，年均降水量 1 008mm，分布在秋、冬、春三季，6~8 月高温干旱，特别适合饲草种子生产；秋冬季节降水量大，有利于种苗分蘖和地下部分生长，夏季干旱有利于种子成熟和收获。该区只靠天然降水的季节分布特点就能满足饲草种子生产对气候的特殊要求，因而形成了世界上草籽产量最高、质量最好的集中生产区，也被称为“禾本科饲草种子之都”。

饲草种子生产要根据我国形成的种子生产区域进行规划，认真选择合适的草种在合适的地区进行规模化生产，不搞遍地开花的种子生产模式。在种子生产中，选择生产条件较好、过去有生产经验的场站进行集中连片生产，形成规模化生产。如四川省红原县的川草 2 号老芒麦种子生产基地（图 2 -1）和四川省宝兴县形成的鸭茅种子生产基地（图 2 -2）。

图 2 -1　川草 2 号老芒麦种子生产基地

图 2-2　鸭茅种子生产基地

二、光照条件

阳光是植物光合作用的能量来源，在阳光充足的白天，植物将利用光能来进行光合作用，以获得生长发育必需的养分，所以辐射量和光照时间直接影响着植物的生长发育和种子生产的产量和质量。

（一）光强对种子生产的影响

光合速率是指植物在单位时间内通过光合作用制造糖的数量，是影响饲草种子产量的主要因素之一。在一定的光照强度范围内，光合速率随光照强度的增加而加快。但当光照强度超出某一范围后，光合速率便不随光照强度的增加而增大，只维持在一定的水平上。高辐射量不仅影响饲草的光合作用，同时对饲草的开花、授粉、传粉、昆虫的活动，以及抑制病害的发生也有影响。

禾本科饲草开花遇到阴冷天气，小花处于关闭状态；阴天下雨时，豆科饲草传粉昆虫的活动减少或停止，从而影响授粉结实。在种子成熟期间，高温、晴朗和干燥的气候条件将加快种子水分的散失和种子成熟进程，有利于饲草种子产量的提高，表 2-1 说明了不同光照强度对饲草生殖枝的影响。

干旱地区有利于饲草种子生长和产量的形成，特别是从开花到收获期气候干旱有利于种子产量和质量的提高。

表 2－1　不同光照强度对饲草生殖枝发育的影响

饲草名称	光照强度（%）	生殖枝占分蘖枝条（%）	花序/生殖枝	小花/花序	初级分枝/花序
多年生黑麦草	100	100	14.4 ±0.95	140 ± 7.1	19.4 ± 0.46
	50	100	12.1 ± 1.27	142 ± 7.9	20.0 ± 0.92
	25	100	9.7 ± 0.77	138 ± 7.2	20.4 ± 0.80
	5～10	88	3.2 ± 0.34	45 ± 3.8	18.0 ± 0.99
鸭茅	100	67	1.9 ± 0.35	520 ± 47.2	14.5 ± 0.42
	50	40	1.0 ± 0.0	581 ±36.5	14.8 ± 0.49
	25	13	1.0 ± 0.0	534 ±27.8	13.5 ±0.54
草地羊茅	100	100	4.3 ±0.33	194 ± 9.4	12.0 ± 0.37
	50	80	1.7 ± 0.26	197 ± 7.7	12.8 ± 0.37
	25	79	1.5 ± 0.28	180 ±12.4	12.6 ± 0.31
	5～10	0	0	—	—

（Pyle，1961；1966）

（二）光照时间对种子生产的影响

日照时间的长短影响植物进行光合作用的时间长短，影响有机物质的生产和积累，从而影响植物的生长发育。对于许多饲草来说，日照长短决定其能否开花，从而影响到结实。植物长期适应于光照时间节律性变化的结果，对白天和黑夜的相对长度具有相应的生理响应，这种响应称为植物的光周期现象。根据饲草对光照时间长短的不同反应，将饲草划分为单诱导类型饲草和双诱导类型。

1. 单诱导类型饲草

（1）长日照植物：每天的光照时数必须大于某一值，或黑暗期必须短于某一值时，才能由营养生长转入生殖生长、开花结实的植物。每天日照时数达不到一定值，生长就停留在营养生长阶段；反之，人工延长光照时间，可促使植株提前进入生殖生长阶段。大麦、鸡脚草、紫花苜蓿、草木樨、白三叶、箭舌豌豆、苇状羊茅、紫羊茅、多年生黑麦草、高羊茅等属于这类植物。

（2）短日照植物：每天的日照时数必须短于某一值，或黑暗期大于某一值时，才能由营养生长转入生殖生长、开花结实的植物。如苍耳、牵牛花、大豆、玉米、紫花地丁、山蚂蝗、大翼豆、柱花草、路氏臂形草、草地早熟禾、无芒雀麦、须芒草等。这类植物人工缩短日照时间可促使其提前开花结实；反之则一直进行营养生长。

（3）中日性植物：在昼夜长短接近相等时才能由营养生长转入生殖生长、开花结实的植物。这类饲草在热带禾本科饲草中比较常见，如无芒虎尾草的某些品种、毛花雀稗的一些品系。

2. 双诱导类型

植株必须经过冬季或秋春的低温和短日照感应或直接经短日照，之后经过长日照的诱导才能开花，一般短日照和低温诱导花芽分化，长日照诱导花序的发育和茎的生长。草地早熟禾、鸭茅、猫尾草、多年生黑麦草、紫羊茅等属于此类型。

三、温度与种子生产

温度对饲草生长发育及种子收获的整个过程都有影响，包括营养生长、花芽分化、开花、传粉与种子成熟。当饲草处在某一温度范围内时，生长发育速度最快，最旺盛，温度升高或降低均使生长发育趋于缓慢，这时的温度称为最适温度。当温度升高或降低至植物生命活动受抑，生长发育基本停滞时，将对应的温度分别称为生长发育的最高温或最低温。温度高于植物生长发育的最高温或低于生长发育的最低温，则植物的生命活动停止。饲草发育的每一个时期都有各自的最适温度。一些冬春季生长的饲料作物和饲草，如黑麦、多年生黑麦草，需要在营养生长期间获得一定强度和一定时间的低温刺激才能由营养生长转入生殖生长。这种低温促使植物由营养生长向生殖生长转化的作用称为春化作用。经过春化作用的饲料作物和饲草生长发育明显加快。北方多年生饲草中草地早熟禾、无芒雀麦等需要一段低温期（低于5℃），经春化作用后才能开花。其分蘖枝条要经过早春、晚秋甚至冬季的低温之后才能发育为生殖枝。其他大部分饲草则没有明显的春化要求。对具有春化要求的饲料作物和饲草，进行饲草生产，特别是种子生产时需要考虑当地的气候条件和播期，以满足播种作物的春化要求。

饲草在生长发育的每一时期对最适温度和最高温和低温的要求各不相同。象草、狗牙根、非洲虎尾草、结缕草等暖季型饲草只有在较高温度时才能正常生长，而草地早熟禾、紫羊茅、冰草等冷季型饲草在 15～25℃条件下才能正常生长，若温度太高或太低会影响其生长发育，造成种子产量下降。无芒雀麦在气温低于20℃或高于30℃时，对其开花授粉极为不利，影响花粉成熟和散出。老芒麦开花的最适温度为25～30℃，紫花苜蓿为22～27℃，羊草为20～30℃。在适宜的生长温度范围内，饲草从花序分化至现花的时间长短与温度呈负相关关系。

一般来说，夏季生长的饲料作物和饲草的最适温为25～35℃，最高温为35～40℃，最低温为10℃左右；冬春季生长的饲料作物和饲草的最适温为15～25℃，最高温为25～30℃，最低温为0℃左右。

种子成熟过程中，适宜的温度可促进饲草的光合作用，加速贮藏物质的积累。较高的温度可促进种子的成熟过程，缩短成熟期，并对干物质的积累有明显的影响。但温度过高会引起种子的加速老化，酶的活性提早丧失，不利于贮藏物质的积累和转化，加之呼吸作用较强，使营养物质的消耗加速，种子的饱满度受到影响。如果成熟过程遇到低温，就要延迟成熟期，往往形成空壳种子和不饱满种子。种子成熟过程中，最忌霜冻，这种低温气候环境不但造成产量降低，而且影响种子的品质，使发芽率下降。

四、水分与种子生产

水是饲草生长发育不可缺少的。植物的一切正常生命活动，只有在细胞含有一定量水分的状况下才能进行。否则，植物的正常生命活动就会受阻，甚至停止。农业生产上，水是决定有无收成的重要因素之一。无论是植物的营养生长，还是种子发育时的生殖生长，均需要充足的水分供应，否则，十分容易引起繁殖器官的败育和种子发育的不良，影响种子的产量和质量。另外，水分对植物的开花有时也有生态性的影响。有些饲草开花需要适中的相对湿度，如老芒麦需要45%～60%的相对湿度，羊草需50%～60%的相对湿度，紫花苜蓿需53%～75%。有些饲草在进行授粉时也要求较高的相对湿度，否则降低花粉的萌发率。在饲草生长发育阶段水分直接关系到饲草蒸腾作用和光合作用的进行，进而影响到饲草的形态、叶片的大小、植株的高低、枝条的分蘖，进而影响到种子产量，所以，饲草营养生长阶段必须要有充足的水分。但在种子成熟期间，高温、晴朗和干燥的气候条件将加快种子水分的散失和种子成熟进程，有利于饲草种子产量的提高。此时过多的降雨量会造成种子产量大幅度下降。种子成熟初期含有大量的水分，在天气晴朗、空气湿度较低、光合作用强烈的情况下，对种子内物质合成作用有利。若雨水较多、相对湿度较高，种子水分向外散发困难，养分积累受阻，从而影响合成作用，同时会延长成熟期。图 2－3 为紫花苜蓿从开花到收获时降雨量对种子产量的影响，如果这一时期的降雨量超过 100mm，种子产量明显下降。在气候干旱的条件下，因为缺水而使植株体内流向种子的营养物质减少或中断，成熟期提早，形成瘦小而皱褶的种子。

不同发育阶段饲草对水量的需求不同，所以，种子生产大田的选择要避开结实期阴雨连绵的气候，同时要有灌溉条件的地区。

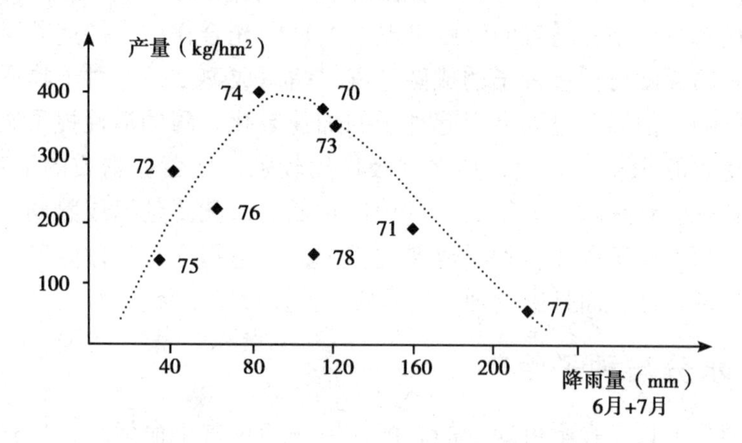

图 2－3　开花期到收获期（6～7 月）降雨量对紫花苜蓿种子产量的影响（Hacquet，1990）

五、土壤条件与种子生产

土壤类型、土壤结构和土壤肥力直接影响土壤水分、空气量和微生物的活动等，从而影响植物的生长发育，所以，这是饲草种子生产对土地的选择必须考虑的因素。

（一）土壤类型

1. 沙土

沙土的特点是土壤疏松，黏结性小，含沙量多，颗粒粗糙，通气透水性好，保水保肥能力差，容易干旱。由于土壤蓄水少，土壤温度变化较大。早春升温快，有利于饲草早发；但在晚秋，一遇寒潮，则温度下降很快，对饲草生长不利。又因其保肥性差，养分易流失。

2. 黏土

黏土的特点是含沙量少，颗粒细腻，渗水速度慢，保水性能好，通气性能差。缺水时，土地干硬，通气透水性差，蓄水保肥能力强。早春升温慢，且耕作费力，内部排水困难。

3. 壤土

介于沙土和黏土之间，含沙量一般，质地较均匀，物理特性良好，通气透水，在农业生产上是理想的耕地。

（二）土壤结构

土壤中固相颗粒的数量、大小、形状、性质及其相互排列和相应的孔隙状况等的综合特性称为土壤结构，土壤结构影响土壤水分、养分的供应能力、透气和热量状况以及土壤耕性，即土壤中水、肥、气、热的协调主要决定于土壤结构。不同土壤或同一土壤的不同土层，土壤结构并不相同。常见的有单粒、团粒、粒状、环状、片状和柱状等结构，其中以团粒结构（或称团聚体结构）对植物生产最为有利。

（三）土壤肥力

土壤肥力是土壤为植物生长提供和协调营养条件和环境条件的能力。土壤肥力越高，饲草生长越茂盛。种子生产就是要提高土壤肥力，以达到高产稳产。

用于饲草种子生产的土壤最好为壤土，保水能力强，利于耕作和除草剂的使用，适于饲草根系的生长和营养物质的吸收。中性至微酸性土壤适于多数植物生长，酸性和碱性土壤均不利于植物生长。土壤肥力适中，肥力过高营养生长旺盛，不利于生殖生长，肥力过低影响饲草正常的生长发育。

用作种子田的地块，要选择开旷、灌排水方便，光照充足，通风良好，地势平缓；土层深厚，土壤肥力适中，为中性土壤，杂草少的地段；较寒冷的地方要选择背风向阳的低平川地，山区最好选择阳坡或半阳坡，机械作业考虑坡度要求；种子田的周围应架设围栏。豆科饲草种子生产田应选择防护林带及水源附近有利于昆虫活动。

第二节　人工效应与种子生产

饲草的生长发育与其生境小气候条件的好坏直接相关，尽管饲草地小气候受其周围环境条件的制约，但掌握了小气候原理及其变化规律之后，因地制宜人为地采用适当措施，可有效改善饲草地小气候环境因子（如光照、温度、水分等），使其趋于有利于饲草良好地生长发育。大田作物在这方面有很多经验和成就可以借鉴使用。

一、耕作效应

（一）垄作

垄作是在整地时将耕作层筑起垄台和垄沟，而后在垄台上种植饲草，这是北方湿润寒冷地区常见的一种栽培方式。垄作的主要效应是增温，这是因为其地面呈波浪形起伏状，地表面积比平作增加了25%～30%，从而增大了太阳辐射的接纳量，导致白天垄上温度比平作高2～3℃，而夜晚因散热面积大比平作温度低，结果增大了土壤昼夜温差，这样有利于饲草生长发育。此外，垄作还有降低土壤湿度和提高光照强度的效应，0～20cm的耕作层土壤湿度平均比平作降低0.8%～3.0%，植株上、中、下部光照强度比平作分别提高43.0%、50%和27.5%。

（二）浅锄深耕

饲草苗期的中耕浅锄，尽管是以除杂草为主，但在疏松过程中由于降低了导热率和增加了吸收率，使得土温白天增加，夜晚降低，从而加大了土壤昼夜温差。一般浅锄（4～6cm）可提高土层5cm处温度0.5～0.8℃。

深耕同浅锄一样，也具有增温作用，但其增温效果持续时间长，可体现在全年各个时期，而且这种作用随深耕的下延而增大。据黑龙江省深松耕法试验组（1975年）研究表明，4月下旬地温能提高2.2℃，此对加速土壤化冻，提早整地和适时播种非常有利；封垄前（6月至7月下旬）5cm和10cm土层温度，白天能提高2.0℃左右，这对植物生长、根系发育和微生物活动都有促进作用。

（三）镇压

镇压的结果是使土壤结构紧密，影响可达10cm 。由于导热率和吸热率增大，使得土壤温度状况发生变化，高温时段镇压能降低温度，低温时段镇压能提高温度，对夏季防热冬季御寒有着积极作用。另外，由于土壤紧密使毛细管作用加强，引起下层水分上升，导致上层毛细管持水量增加，反映到上层土壤湿度增大。

（四）免耕留茬

免耕留茬是在保留上茬饲草或作物的情况下，不耕翻，在其行间种植下茬饲草的方式，这是现代农艺技术兴起的一种栽培方法。保留残茬可减小风力，减弱能量交换，减少地面热量损失，平缓田间气温变化，阻留积雪，这些作用对防御低温有着积极作用，其作用效果随留茬的增高而增强。另外，免耕留茬显然比耕翻减少水分蒸发，从而有效保留了土壤水分。

二、施肥效应

施肥的目的是为了满足饲草生长发育的需要，增加产量，提高效益。但必须合理施肥才能起到作用：①根据饲草的种类和生育时期施肥，禾本科饲草需氮肥较多，而豆科饲草需磷、钾肥较多。氮肥是影响禾本科饲草种子产量的关键因素，氮肥施入量对饲草种子产量有着明显的影响。在一定范围内，大部分饲草随施氮量的增加种子产量提高，获得最高种子产量的施氮水平因种而异，鸭茅为160～200kg/hm^2，草地早熟禾为60～80kg/hm^2，多年生黑麦草为120kg/hm^2。矮秆耐肥品种，要求较好的水肥条件；而高秆不耐肥品种，水肥过多会造成减产。同一种饲草在不同的生长时期需肥量也不同。籽用玉米在苗期对氮肥需要量较小，拔节孕穗期对氮肥的需要量增多，到抽穗开花后对氮肥的需要量又减少。②根据收获的对象决定施肥，以种子生产为主时，则应多施磷、钾肥，配合施用一定量速效氮肥，过多施用氮肥会造成茎叶徒长，经济产量反而降低。不同季节施肥量不同，对种子产量也会有影响，表2－2为河北省沽源秋季和春季施氮肥量不同对种子产量的影响，秋季施70～120kg/hm^2，春季施30～90kg/hm^2，秋春施氮肥比为2：1时的种子产量最高。③根据土壤结构施肥，如在黏土土壤上多施有机肥，使其疏松，提高土壤通透性，增加土壤空气中的 O_2，提高土温，最终提高土壤肥力。在盐碱地上通过不断泡田洗盐、种植耐盐碱植物（如碱蓬）等，使土壤结构、盐分含量、pH 值等逐渐向有利于植物生产的方向转化，使土壤肥力不断提高。

表 2－2　河北省沽源秋春两季施氮肥处理对无芒雀麦种子产量及产量组分的影响

施肥处理	生殖枝数（个/m²）	小穗数（个/生殖枝）	小花数（个/小穗）	种子数（个/小穗）	千粒重（g）	实际种子产量（kg/hm²）
A0S0	302.3c	33.3a	5.1c	3.4b	3.800a	551.4c
A0S90	443.3bc	37.0a	6.4a	4.8a	3.750a	1 075.4b
A90S0	559.7ab	32.5a	5.5bc	3.9ab	3.833a	1 138.7b
A0S180	474.7bc	36.5a	6.1ab	4.6a	3.683a	1 313.2ab
A135S90	728.3a	37.0a	6.1ab	4.5a	3.917a	1 723.1a
A90S90	725.0a	33.3a	6.3ab	4.7a	3.717a	1 476.5ab

注：S 表示春季，A 表示秋季，其后数据单位是 kg/hm²。同列数据不同小写字母表示差异显著（$P<0.05$），含有相同字母表示差异不显著（$P>0.05$）（马春晖，2010 年，黑龙江畜饲兽医）

饲草在整个生育期可分为若干阶段，不同生长发育阶段对土壤和养分条件有不同的要求。因此，根据不同生长发育阶段进行肥料的施入。不同时间施肥的方式也不同，有基肥、种肥和追肥几种形式。

（一）基肥

饲草种植前结合土壤耕作施用的肥料称为基肥，也称底肥。主要目的是供给饲草整个营养期所需的养分，一般以肥效持久的有机肥和不易流失损失的化肥作基肥。有撒施、条施、分层施：撒施是在整地前将肥料均匀地撒施于地表，然后结合耕作翻入土壤中。条施是将饲草地开直沟施入肥料的方法，也称带状施肥法。一般在施肥量少时用，条施法比撒施法肥料利用率高。施入肥料要立即覆土，一般平坦开阔地带机械化操作常用此施肥方法。分层施是结合深耕把粗质肥料和迟效肥料施入深层，精质肥料和速效肥料施到土壤上层，这样既可满足饲料作物对速效肥的需求，又能起到改良土壤的作用。

（二）种肥

种肥是播种（或定植）时施于种子附近或与种子混播的肥料。施用种肥，一方面可为种子发芽和幼苗生长创造良好的条件，另一方面用腐熟的有机肥料作种肥还有改善种子床或苗床物理性状的作用。种肥是同种子一起施入的肥料，因而要求所选用的肥料对种子无副作用，凡过酸过碱或未腐熟的有机肥料均不能作种肥。种肥的施用方法很多，可根据肥料种类和具体要求采用拌种、浸种、条施和穴施等。

（三）追肥

饲草生长期间为调节饲草营养而施用的肥料称为追肥。目的是及时供给幼苗生长发育过程中所需要土壤肥力的养分，特别是需肥关键期（拔节、孕蕾）对养分的需要。一般以速效性化肥或微肥或高度腐熟的有机肥为主。追肥的施用方法通常包括撒施、条施、穴施和灌溉施肥等。但前三者在土壤墒情不好时也多结合灌溉进行。根外施肥在多数情况下是将肥料溶解在一定比例的水中，然后喷洒于叶面，通过组织吸收满足饲草对营养的需要。一般在土壤中易固定的肥料和根部养分吸收运转慢的肥料适合用叶面喷施，当饲草对某种营养成分需求量较小，且土壤中供肥速率较慢时适合用叶面喷施。常用根外施肥的肥料有磷酸二氢钾、微肥、尿素、生长调节剂等。

三、灌溉效应

灌溉要根据饲草生育阶段、气候、土壤条件，要适时、适量，合理灌溉。其种类主要有播种前灌水、催苗灌水、生长期灌水及冬季灌水等。灌溉方式有漫灌、喷灌和滴灌。

1. 漫灌

应用挖渠和管道两种方式。挖渠灌溉由于温度、风速、土壤、渗透能力等不同，容易造成有的地方水多，有的地方水不足的现象，管道可以移动，因此可以控制不产生这种不均的现象。但由于漫灌比较浪费水资源，需要较多的劳动力，并且容易造成地下水位抬高，因此，使土壤盐碱化。但由于只需要少量的资金和技术，在多数地区仍然广泛使用（图 2－4）。

2. 喷灌

喷灌是由管道将水送到位于田地中的喷头中喷出，有固定式和移动式。固定式喷头安装在固定的地方，有的喷头安装在地表面高度，主要用于需要美观的地方。如果将喷头和水源用管子连接，使得喷头可以移动，为移动式喷灌，将塑料管卷到一个卷筒上，可以随着喷头移动放出，也可以人工移动

图 2-4　漫灌

喷头（图 2-5 和图 2-6）。

图 2-5　移动式喷灌机

图 2-6　固定式喷灌

喷灌的缺点是会因蒸发而损失许多水，尤其在有风的天气，而且不容易均匀地灌溉整个灌溉面积，水存留在叶面上容易造成霉菌的繁殖，如果灌溉水中有化肥的话，在炎热阳光强烈的天气下会造成叶面灼伤。

3. 滴灌

滴灌是将水一滴一滴地、均匀而又缓慢地滴入植物根系附近土壤中的灌溉形式，滴水流量小，水滴缓慢入土，可以最大限度地减少蒸发损失。滴灌条件下除紧靠滴头下面的土壤水分处于饱和状态外，其他部位的土壤水分均处于非饱和状态，土壤水分主要借助毛细管张力作用入渗和扩散（图 2－7）。

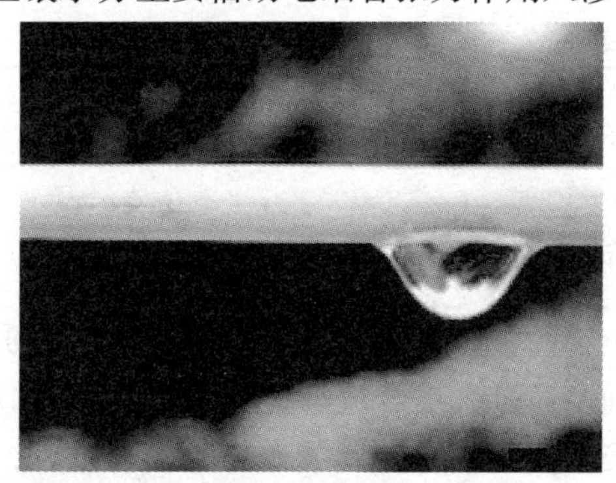

图 2－7　滴灌

如果滴灌时间太长，根系下面可能发生浸透现象，因此，滴灌主要由高技术的计算机操纵完成。滴灌水压低，节水，可以用于生长不同植物的地区，对每棵植物分别灌溉。滴灌费用较高，只有适用于草皮和高尔夫球场。

四、密植效应

合理密植是提高单位面积产量的重要措施之一，其原因在于为饲草造就了特殊的田间小气候，使小气候得到最充分利用。但过度密植会使饲草地小气候变劣，诸如光照强度削弱，通风状况变劣，日间温度降低，土壤湿度降低等，从而使饲草地小气候条件变得不利于植物生长发育。

合理密植取决于植物种类和种植方式，用田间株丛密度表示，即单位面积内植物株丛数。植物种类，如植物株高、株型、叶形、冠幅和根幅。当密度一定时，密植效果取决于种植方式，适当加大行距，缩小株距，调节植物群体在田间的分布状况，可改善田间小气候条件，达到充分利用当地气候资源的效果。辽宁省新民县气象站（1977 年）对“辽单 2 号”玉米进行了密度

（密度47 000株/hm^2）小气候效应的研究，结果如表2－3所示。

表2－3 玉米密植的小气候效应

行株距（cm）	行间风速（m/s）	透光率（%）	孕穗至成熟期间田间温度（℃）			单穗重（g）	千粒重（g）	产籽量（kg/hm^2）
			最高温度	最低温度	日温差			
73×29	0.39	17	28.7	21.3	7.4	3.8	275.0	948.5
80×27	0.46	27	28.9	21.6	7.3	4.0	279.7	965.0
87×25	0.82	35	29.5	20.6	8.9	4.3	284.7	1 188.6

五、化学效应

（一）生长调节剂

人工合成的对植物的生长发育有调节作用的化学物质称为植物生长调节剂。植物生长调节剂是通过人工合成与植物激素具有类似生理和生物学效应的物质，在农业生产上使用，有效调节作物的生育过程，达到稳产增产、改善品质、增强植物抗逆性等目的。

1. 生长调节剂的作用

植物生长调节剂有很多用途，因品种和目标植物而不同。打破休眠促进萌发的调节剂有：赤霉素、激动素、胺鲜酯（DA-6）、氯吡脲、氯乙醇、过氧化氢。促进茎叶生长的调节剂有：赤霉素、6-苄基氨基嘌呤、油菜素内酯、三十烷醇。促进生根的调节剂有：吲哚丁酸、萘乙酸、2，4-D、多效唑、乙烯利。促进花芽形成的有：乙烯利、比久、6-苄基氨基嘌呤、萘乙酸、2，4-D、矮壮素。诱导产生雌花的调节剂有：乙烯利、萘乙酸、吲哚乙酸。控制株型（矮壮防倒伏）的矮壮素；诱导产生雄花的赤霉素；还有增强抗逆性（抗病、抗旱、抗盐分、抗冻）、增强吸收肥料的能力等作用。

针对禾本科饲草倒伏严重的情况，国外已将矮壮素（CCC）用于无芒雀麦、鸭茅等饲草，将多效唑（PP333）用于高羊茅、多年生黑麦草等饲草种子生产中，均能使种子产量提高50%～100%。PP333在抽穗初期使用，对高羊茅的生殖枝和生殖枝小穗数没有影响，对种子产量和株高亦无明显影响，但PP333能显著提高小穗的小花数。在春季返青期施用PP333能有效抑制多年生黑麦草的植株高度，增强抗倒伏能力，减少种子败育，提高结实率，增加有效分蘖，缩短叶片长度，改变生长格局；穗长和千粒重降低，落粒率降低 10%，种子产量提高 13.9%。

2. 生长调节剂优缺点

①作用面广，应用领域多。②用量小、速度快、效益高、残毒少。③可对植物的外部性状与内部生理过程进行双调控。④针对性强，专业性强。可解决一些其他手段难以解决的问题，如防治大风、控制株型、促进插条生根、抑制腋芽生长、促进成熟等。⑤植物生长调节剂的使用效果受多种因素的影响，而难以达到最佳效果。气候条件、施药时间、用药量、施药方法、施药部位以及植物本身的吸收、运转、整合和代谢等都将影响到其作用效果。

3. 使用注意要点

①用量要适宜，不能随意加大用量。生长调节剂能明显提高禾本科饲草的种子产量，但其使用还存在一定的局限性。浓度过低，抑制效果不明显，浓度过大又会导致饲草死亡。②不能随意混用。如和化肥、杀虫剂等混用，不仅达不到促进生长或补充肥料的作用反而会因混合不当出现药害。③使用方法要得当。使用时一定要严格按照使用说明稀释和溶解。④生长调节剂不能代替肥料施用。生长调节剂不是植物营养物质，只能起调控生长的作用，不能代替肥料使用，在水肥条件不充足的情况下，喷施过多的植物生长调节剂反而有害。

（二）保墒增温剂

保墒增温剂是由几种化学原料在高温条件下，经机械充分搅拌而成的一种膏状物。用水稀释溶解后喷洒在平整苗床上，待 3～4h 后在土壤表面形成一层均匀的薄膜。其功能主要是抑制土壤水分蒸发，减少蒸发率 8% 以上，达到保墒目的。同时，它的增温效果也非常明显，可使日平均土壤温度提高 4～6℃，白天高达 6～10℃，夜晚最低增温 1～2℃。此外，还有抑病压盐的作用。

六、其他辅助效应

（一）防风效应

风对植物生长有有利的一面，也有有害的方面：一方面微风是风媒花植物的媒介，部分饲草植物借风来传粉，从而实现开花结实。另外，风也制约和影响着环境中的温度、湿度及 CO_2 的浓度，也可以改变局部的小气候，从而影响植物的光合作用、呼吸作用以及蒸腾作用。另一方面，在多风地区，会使空气干燥，饲草倒伏，强风不仅会折断植物根茎、吹落花果，同时大大降低植物的生长量，造成种子减产等不利影响。因而可以采取防风措施来改善农田小气候提高饲草地的产量。

1. 林带

林带是通过在种子生产基地周围植树造林、营造林网来实现防风，也称防护林。林带结构以上稠下疏、孔隙度为30%的透风林效果最好，风向以垂直于林带，风速降低效果最强。林带除有降低风速的效果外，还能减弱湍流交换，此对减少林带后面的土壤蒸发，保持冬季积雪，防止表层土壤吹失均具重要作用；林带还有减少地表径流的作用。此外，林带网络的增产作用十分显著，平均达20%～30%，林带高度越高，影响范围越大，故增产效应越显著。

2. 风障

风障是指用秸秆、柳枝、苇席、石块、土墙等材料围建而成的一种农田防护设施。风障效应主要体现在防风和增温上，距风障越近，减风效果越好，增温效果越明显；风障越高，减风越强，增温越显著。风障多用于育苗栽培上，北方因南北风多，应在育苗地南、北两面设置风障，每隔20～30m处设一障腰可明显提高防风效果，在东西两侧设风障对加强防风也有好处。

3. 绿篱

绿篱是通过种植多年生灌木植物而营造成的，如锦鸡儿、沙棘、榆树等。这是近年来在农田兴起的一种生物防护设施，多用于流动或半流动沙丘地段，对防止沙化、固土保水起到积极作用。其对小气候的改善效应与风障相近，但在防止沙化方面的作用远大于风障。

（二）疏枝处理

多年生饲草随种植年限的增加，枝条密度增加，盖度增大，导致枝条间对营养物质的竞争加剧，进而影响饲草种子产量的提高，所以，要进行疏枝处理，通过耙地和行内疏枝来处理。不同饲草或同一种饲草在不同地区种子生产管理技术不完全一样，这与当地土壤、气候条件、饲草种类有关。将扁穗冰草疏枝处理为疏行，使行距从15cm扩宽到30cm、45cm后，提高了小穗数、小花数、种子数、千粒重和种子产量。将无芒雀麦疏枝处理，扩宽株距，从而达到疏枝和提高种子产量的目的。

（三）残茬清理

饲草种子收获后及时清除秸秆和残茬，可解除其对分蘖节的遮阳，有利于分蘖的形成、枝条感受低温春化和花芽分化，是来年获得种子高产的必要措施。清理残茬的方法有焚烧、低茬刈割和放牧。

火烧饲草种子田的残茬可以除去田间杂草、病虫害、消除残茬，使生殖枝数量增加，种子产量提高。但如果种子收获后火烧太晚则高羊茅会减产12%～35%，匍匐紫羊茅减产14%～66%。返青期前1个月进行火烧，种子产量的组分生殖枝数、穗长、小穗数、种子数、结实率和千粒重都有所提高，从而提高了种子产量。

饲草种子收获后残茬枝叶还处于青绿状态，可用割草机低茬刈割，然后移走秸秆；或者放牧。高羊茅和紫羊茅放牧绵羊的效果与焚烧和低茬刈割相同。

（四）覆膜效应

地膜覆盖栽培是利用厚度15～20μm的聚乙烯塑料薄膜，于播种前或播种后覆盖在饲草地上，利用其透光性好、导热性差和不透气性等特性，从而达到增温、保湿和改善土壤的物理性状，改善种子生产地小气候条件，达到增产保质的一种栽培方式。

第三章 饲草种子田建植与管理

第一节 饲草种子田的建植

一、饲草种子田地域的选择

饲草种子生产的区域要满足地势开阔、相对平缓、通风良好、光照充足、土层深厚、pH 值和肥力适中、排灌方便、杂草病虫害较少等条件。地势开阔平坦方便耕作和管理，最好是阳坡或半阳坡，坡度一般不超过10°有利于排水防涝。良好的通风条件保证了饲草的正常生长发育和种子的高产，还能避免病虫害的发生和蔓延。充足的光照是饲草光合作用的基础，也是开花和授粉的必要条件，在饲草盛花期，光照有利于昆虫活动和抑制病虫害的发生。深厚而且肥沃的土壤有利于饲草根系的生长和营养的吸收，不过酸也不过碱，一般壤土的保水能力强，是建植饲草种子田的最佳土壤。土壤肥力要求适中，肥力过高或过低，会导致营养生长过盛或不足而影响生殖生长，降低饲草种子的产量。水分是饲草生长的必要条件，在降雨量不能满足生长所需的水分时，要求必须有灌溉设施；另外，在降水较多的地区，还要保证排水迅速有效，避免造成过涝。杂草和病虫害较少的地区有助于迅速建立更好的饲草种子田。决定一个品种或种能否在一个地区进行种子生产，首先必须要考虑的是气候条件，然后是土地条件。

二、饲草种子田的隔离和轮作

用于饲草种子生产的田地一般要安装围栏来保护。多数饲草属于天然异花授粉，容易产生杂交，品质变劣，为防止种间及品种间种子杂交混杂，应在饲草种子田之间间隔一定距离，虫媒花的豆科饲草之间隔离带不少于1 000～1 500m，风媒花的禾本科饲草之间的隔离带不少于500～1 000m。相同饲草的不同品种以及同类饲草的田地不能作为饲草种子田。另外，在饲草种子生产中，还要考虑轮作，不能连续播种外形、大小相似或同一种饲草的不同品种，间隔期不能少于2～3年，最好将禾本科与豆科饲草轮换倒茬，这样种子既不容易混杂，又可保持和提高土壤肥力，而且在一定程度上对于防止病虫害发生也有好处。对于豆科饲草，还应布置于邻近防护林带、灌丛及水库旁，以利于昆虫传粉。

三、饲草种子田苗床的准备

苗床的准备的目标是为饲草播种、种子萌发出苗以及幼苗生长提供适宜的条件，一般分为耕地→施肥→耙地→耱地→镇压几个步骤，抓好深耕、浅耙、轻耱、保墒等环节，使播种前的土地达到“深”、“平”、“实”、“细”的条件，保证幼苗顺利出土和苗期的健康生长。

（一）耕地

耕地能改善土壤的物理状况，调节土壤中水、肥、气、热等肥力因素，创造适合饲草种子萌发和根系发育的土壤条件。饲草种子田要求深耕，一般20～30cm，深耕有利于熟化土壤，改善土壤的通透性，消灭田间杂草、病菌与虫害，增强保水能力，有利于出苗。大面积饲草种子生产时，用犁进行作业操作（图3－1）。整地的同时根据土壤养分状况施基肥，在改良土壤的同

图3－1　液压铧式翻转犁

时为种子的丰产和丰收供给养分。基肥多数施有机肥料（厩肥、堆肥、绿肥），氮、磷、钾复合肥和磷肥也可以当做基肥，施肥量根据土壤肥力状况而定。

（二）整地

整地包括耙地和耱地。耙地的目的在于耙碎土块、混拌土肥、耙出石块和杂草根茎等，整平地面。耱地则将土壤耱细而获得粗细均匀、质地轻松的土壤表层，利于种子与土壤充分地接触，从而达到保墒的目的。用机械进行耙地能够达到平整的要求，而且提高工作效率，如图 3 –2 所示。

图 3 –2　1BEBX –2.5 液压偏置 24 片重耙

（三）镇压

在播种前用大碾子、镇压器等对土壤进行镇压，以减少土壤中的大孔隙，使土壤上虚下实，保证土层与种子紧实结合，达到播种机行走轮不下陷，开沟器入土深浅一致的要求。另外在降水多的地区要挖好排水沟，避免涝害的发生。

四、饲草种子的播种

1. 播种期

饲草种子生产的播种时期根据饲草类型、土壤状况和气候条件而定。一年生的饲草种子生产只能春播，多年生饲草种子生产可以选择春季、晚夏和秋季播种。春播一般在 3 月上旬到 4 月下旬，土壤温度达到 10℃时即可播种，秋播在9～10月进行，最晚不超过10月下旬。夏季水肥充足，杂草生长快，而饲草苗期生长缓慢，容易受到杂草的为害，所以夏播对多年生饲草通常是不利的。在我国北方内蒙古自治区中东部地区，豆科饲草秋播最晚不超过7月中下旬，禾本科饲草不晚于8月下旬。

2. 播种方法

饲草播种的方式有条播、穴播和撒播3种方式，条播便于大面积机械作业，并有利于田间检查时发现异株和非播种材料产生的植株，因此，在饲草种子生产中条播是主要的播种方式（图3－3）。植株高大或分蘖力强的饲草可采用穴播。

图3－3　免耕施肥播种机

在种子生产中，饲草的播种多采用条播，行距因饲草种类和栽培条件的不同而异，一般为30～90cm。播种不宜过深，一般豆科饲草2～4cm，禾本科饲草在1～3cm，大粒种子可达3～5cm。土壤干燥可稍深，潮湿可浅一点。Canode（1980年）曾对5种冷季型饲草的3个条播行距进行了种子产量的研究，试验表明，获得最高种子产量的行距：草地早熟禾为30cm，紫羊茅、无芒雀麦和冰草为60cm，鸭茅为90cm。其他研究表明，一年生黑麦草的行距以25～30cm为宜，无芒雀麦、虉草、苇状羊茅等饲草的行距在30～60cm可望获得最高种子产量，紫花苜蓿、白三叶等饲草的播种行距在25～50cm种子产量最高。

3. 播种量

饲草种子生产中播种所用的种子必须是真实可靠、净度高、生活力强、健康的种子。对选定种植的饲草种子进行播前筛选，未精选的种子应去杂、去瘪粒，获得比较均匀一致的种子，对带芒、刺、茸毛、颖壳等禾本科种子进行去芒、脱壳处理。种子处理干净后计算播种量。

播种量是由种子用价决定的，种子用价高，播种量小；种子用价低，播种量高。公式如下：

种子用价（%）＝纯净度×发芽率

播种量（kg/hm^2）＝种子用价100%时的播种量/种子用价

播种量决定单位面积内饲草植株的个体数量和生殖枝数量。播种量的大小因饲草类型、土壤肥力、水分状况、播种时间和播种方式而异。用于饲草种子生产的播种量，要小于用于饲草生产的播种量，约占饲草生产播种量的50%～60%。表3－1是一些常见的饲草种子生产田的播种量。

表3－1　常见饲草种子生产田的播种量（kg/hm^2）

饲草名称	窄行条播	宽行条播	饲草名称	窄行条播	宽行条播
紫花苜蓿	6	4.5	猫尾草	9	4.5
白花草木樨	12	9	草地羊茅	15	9
黄花草木樨	12	9	紫羊茅	12	7.5
红豆草	27	22.5	鸭茅	15	9
沙打旺	4.5	3	老芒麦	18.75	10.5
红三叶	6	4.5	一年生黑麦草	12	9
白三叶	4.5	3	多年生黑麦草	12	9
百脉根	6	4.5	无芒雀麦	15	10.5
多变小冠花	4.5	3	冰草	15～22.5	9.75～12.0
蒙古岩黄芪（去荚）	30	22.5	羊草	22.5	11.25
柠条锦鸡儿	9	7.5	披碱草	18.75	10.5
紫云英	30	22.5	草芦	12	7.5
毛苕子	37.5	30	草地早熟禾	12	7.5
矮柱花草	30	22.5	苏丹草	22.5	15
燕麦	120	75	狗尾草	7.5	4.5

4. 种子播前处理

种子在播种之前要经过打破休眠和降低硬实处理，来提高种子发芽率。豆科种子特别是小粒的豆科饲草如紫云英、紫花苜蓿、草木樨、沙打旺、小冠花等均存在一定程度的硬实率。硬实种子主要用石碾或用碾米机进行碾压拌有粗沙的种子，从而擦伤种皮，增加其透水性。另外，日晒夜露 3 ~ 4d 同样可打破硬实。禾本科种子带芒、毛、刺和稃壳，这些会影响种子的发芽率和播种均匀度，需要去壳、去芒以利播种和萌发。方法是用石碾掺粗沙碾去壳或芒，或用去壳、去芒机去掉壳或芒。

为了提高种子的出苗率，播前可以对饲草种子进行包衣和接种根瘤菌。包衣后的种子既可增强根系活力、提高种子的抗旱性，还能防治苗期病虫为害。对豆科饲草在播前可以将根瘤菌接种与包衣结合起来，既可以提高豆科饲草的固氮能力，又可提高种子的发芽率。

第二节　饲草种子田的田间管理

饲草种子田的田间管理包括定株、灌溉、施肥、中耕除草、病虫害防治、辅助授粉等内容，目的在于防除病虫害和杂草，清除异株植物，补充生长所需要的水分和养分，从而提高种子田的表现种子产量。

一、饲草种子田的定株

种子产量与密度呈直接正相关，因此饲草的生长密度不能过密也不能过稀。密度太大增加了营养枝的数量而抑制了生殖枝的发育，密度太小降低了种子的产量。在种子生产的过程中，饲草在 5 叶期进行定苗，一年生饲草的密度在 250 株/m^2 以下，多年生饲草要求留有一定的空间利于昆虫传粉。

二、饲草种子田的灌溉

水分是饲草的营养生长和种子成熟必需的。营养生长时期水分充足、开花成熟期光照而干燥，是生产饲草种子最理想的环境和气候条件，在这种条件下，有利于饲草开花、传粉、受精，并不受病虫害的侵袭。灌溉必须考虑饲草的需水特性、土壤和气候条件等。一般情况下，幼苗建植和花序分化这两个关键时期进行灌溉是增加饲草种子产量的关键。对于禾本科饲草，在返青期、拔节期、抽穗期和灌浆期分别进行灌溉，可以显著增加种子产量。豆科饲草的种子生产则需要严格控制灌溉次数和灌溉量，一般 667m^2 土地一次灌水量为 80 ~ 100m^3，灌溉次数 4 ~ 8 次。如果营养生长时期灌溉量过多往往促进营养体的发育，导致开花期和结荚期延迟而降低种子产量。另外，冬灌可以提高豆科饲草的越冬率。

三、饲草种子田的施肥

用于饲草种子生产的施肥要求按需施肥、因地施肥、适时、适量施肥。禾本科饲草需要氮肥较多，施肥以氮肥为主，配施磷钾肥，但是，氮肥不能过量使用，尤其是到生长后期，以免造成饲草徒长，延缓成熟，造成种子减产。豆科饲草以磷肥为主，但在幼苗期间根瘤尚未形成时，应使用少量氮肥，促进幼苗生长。禾本科饲草需要养分最多的时期是从分蘖到开花期，豆科饲草需要养分最多的时期是从分枝到孕蕾期。另外，开花期适量喷施硼和钼等微肥，能增加结籽率，提高种子产量。对多年生饲草在种子收获后追施肥料，有利于夏秋分蘖枝的增加，为来年种子高产奠定基础。生产上常用的追肥有复合肥，如氮、磷、钾肥，氮肥是尿素和硝酸铵，磷肥是过磷酸钙，钾肥是草木灰。施肥通常与灌溉配合进行，土壤营养元素无法测定时，一般每亩（约 667m^2，全书同）土地施肥量尿素（利用率 46%）为 20 ~ 40kg，磷肥（利用率 40% 时）为 10 ~ 20kg 较适宜。施肥可以用机械进行，如图 3 – 4 所示。

图 3 – 4　世达尔施肥机

四、饲草种子田的中耕除草

杂草和饲草的竞争会降低种子的产量，还会污染饲草种子引起质量下降，给种子的清选增加成本。因此，在生产中，及时清除杂草至关重要，在除去非本品种的植株的同时清除感染病虫害、生长不良的植株。杂草可以在播种前和出苗后进行防除：在播种前期，可以用扑草净、莠去净等土壤药剂对苗床的土壤进行熏蒸或是撒药等进行清除杂草。饲草出苗后的防治方法有物理、化学和生态防治。物理防治杂草方法包括机械除草（图 3 －5）和人工除草。有些杂草种子容易依附在机械上，因此，在除杂之前要确保机械清洗干净。通过物理的防治杂草的方法不但可以清除杂草和病株，还可以增加土壤的通气性，确保饲草的正常发育和种子的纯净。在禾本科种子生产中，常用 2，4-D和扑草灭等控制阔叶杂草，而在豆科种子生产中，采用敌草隆和茅草枯等清除禾本科杂草。生态防治杂草是要采取合理而有效的农艺措施预防和控制杂草，包括控制杂草种子的传播、轮作倒茬、苗期中耕除草等。

图 3 －5　3W －600 －6 除草机

五、饲草种子田的病虫害防治

病害和虫害的发生直接影响饲草的正常生长发育，进而影响种子的生产和植株的生长年限。威胁禾本科饲草的病害有麦角病、黑穗病和腐霉病等；豆科饲草常发生的有根腐病、锈病、白粉病、褐斑病、炭疽病、颈腐病等，受病菌侵染后的饲草种子产量和质量均会受到严重的影响。黏虫、蓟马、蚜虫、盲蝽等是饲草生长中常见的虫害，常用的饲草杀虫剂包括胃毒剂，如杀虫脒、鱼藤精，触杀剂如辛硫磷、杀虫畏，熏蒸剂如氯化苦、溴甲烷，内吸剂如乐果等。施药的方式主要有人工喷施（图3－6）和机械喷施（图3－7）两种。无论是杀虫剂还是杀菌剂首先要了解所用药剂的性质，根据病虫害发生情况慎重选择。除了采用化学药剂防治的方法之外，主要还是通过轮作、适时播种、检疫检查等农艺措施控制病虫害的发生。

图3－6　人工背负式打药机（防虫）

图3－7　巴西进口施药机（防虫）

六、饲草种子田的辅助授粉

大多数的饲草属于天然异花授粉，授粉的状况决定饲草种子的质量和产量。豆科饲草的花鲜丽，以昆虫为媒介传粉，为虫媒花；禾本科饲草的花小而密，依靠风力传粉，为风媒花。由于地理位置和环境条件的影响，缺乏传粉的昆虫和风力时，就要进行人工辅助授粉，可以提高饲草种子的产量。

对禾本科饲草进行人工辅助授粉的时间和次数应根据饲草的种类和开花习性而定，圆锥花序的饲草，通常在上部花大量开放时进行，而对穗状花序的饲草在盛花期进行。方法是 2 人将绳索拉直，在饲草丛的花穗层来回轻轻地掠过，一天进行 2 次，中间相隔的时间 2 ~ 4d。

豆科饲草多数是自交不亲和的，所以一般用昆虫辅助授粉。种子生产时，在种子田中配置一定数量的蜂巢或蜂箱，一般每公顷配置 3 ~ 10 箱蜂为宜用于传粉。由于雨天和风速太大，不利于蜜蜂传粉，所以通常选择种子田的时候邻近林带、灌丛及水库旁。

综上所述，饲草种子大面积生产中，不论是种子田的建植还是田间管理，从选地到耕地，从播种到除草施肥，每个过程都必不可少，也至关重要。保证播种材料的质量、正常健康的植株和适时收割的每个程序，才能达到高产优质收获饲草种子的目的。

第四章　饲草种子收获和加工管理

饲草种子成熟后，要在其落粒前及时进行收获，尽量减少损失，以获取最大的种子产量。另外，新收获的种子中含有许多杂质以及含水量超标，在入库贮藏前必须进行加工处理，即对采收的种子进行清选、干燥、包衣等技术处理措施，来提高和保证种子质量，改变种子的物理特性，改进种子品质，获得具有高净度、高发芽率、高纯度和高活力的商品种子过程。完善的加工管理工作对于提高饲草种子质量，保证种子的种用价值、种子的安全贮藏都具有十分重要的意义，是实现种子商品化、标准化的重要手段，是种子产业发展的核心。

因此，我们在生产实践中，必须要重视并做好饲草种子的收获加工工作，尤其是在国家大力推进生态建设和环境保护工作的新历史时期，如何搞好种子生产加工工作，进一步改进和提升种子加工管理水平，大力提高种子质量，已成为国内种子加工者的一项新课题和紧迫任务。

第一节　饲草种子的收获

饲草种子的收获在种子生产中是一项时间性、技术性都很强的工作，必须给予极大的重视，做到因地制宜地适时收获。适时收获可避免种子的损失，因为收获太早青荚与青穗太多，会降低种子活力，影响种子的品质；收获太晚则会造成种子的脱落损失，降低种子产量。而在实际工作中，确定种子的收获时间，必须要考虑两个问题：既能获得品质优良的种子，又要尽可能地减少因收获不当造成的损失。应根据不同饲草种类特点，确定适宜的收获期，选择合适的收获机械，采用适宜的收获方法，以最大限度减少损失，得到最大的种子收获量。

一、种子的收获时间

在生产实践中，不同草种的成熟期和收获时间各不相同，同一草种在不同地理区域其成熟期也不尽相同，即便是同一地块的饲草种子，也由于土壤肥力不均、授粉及开花时间前后不一致、边际效应、田间局部小环境等因素影响，其种子成熟期也不完全一致。因此，种子收获的最适时间常常是难以准确确定的。

种子成熟可分为乳熟期、蜡熟期和完熟期。种胚的形成完成于乳熟期，此时种子为绿色，含水多，质软，种子易于破裂。乳熟期的种子干燥后轻而不饱满，发芽率及种子产量均很低，绝大部分不具经济价值，所以，生产实践中一般不选择在此生育期进行收种。蜡熟期的种子呈蜡质状，果实的上部呈紫色，但部分种子仍保存浅绿的斑点，种子容易用指甲切断。完熟期的种子质量和品质最高，它们的千粒重、发芽率和种子产量均较高，是种子收获的适宜期。但此时由于草种落粒性强，容易造成较大的损失，所以未必是种子收获的最适宜时期。

种子收获要从以下方面考虑：种子含水量、种皮颜色、种子成熟度。

大多数饲草，当种子含水量达到35% ~45%时便可收获，多年生黑麦草种子收获的最适时期是种子含水量为43%，种子含水量低于43%，落粒损失增加。在河北坝上地区老芒麦种子生产过程中在种子含水量降至30% ~35%时，进行收获可以获得高产优质的饲草种子。

种皮颜色和种子成熟度是判断种子成熟的又一个指标。种子成熟时最明显的是外种皮色素的变化，大部分的荚果变成褐色是证明种子成熟的表现。在生产实践中，大多数饲草种子可在蜡熟至完熟期收种，完熟期种子用手指压一般不会在颖果上留下痕迹，这可作为一种常识性的简易判断方法。一般当禾本科饲草在靠近穗子的节间有40% ~50%的部分变黄，豆科饲草的种子有60% ~70%的种壳变成黄褐色或褐色时可进行收种。在具体收种时间上，落粒性强或很成熟的饲草种子最好在清晨进行收种，以减少落粒损失。豆科饲草种子从第二年开始采收种子，应在70% ~95%荚果从绿色变成褐色，种子变成黄色时收获。禾本科饲草当年采收种子，一般在完熟期收获。其他品种饲草根据种子成熟特性适时收获。

对于有些种类的饲草，可以在蜡熟期进行刈割，注意刈割下来的饲草要晾晒一段时间，然后再收种，使种子在刈割下的草中完成种子的后熟。另外，由于大多数饲草的种子成熟是从上往下的，因此当种穗上部的种子开始落粒时就可以进行收种。

二、饲草种子的收获方法

不同种类饲草不仅收获时间有所不同，而且对应的适宜收获方法也有所不同。按照种子收获方式的不同，通常有3种收种方法：直接收种、分段收种法（刈割后再收种）、割顶收种法（直接剪取种穗部分）。直接收种用联合收割机有优势（图4－1），也可用专用草籽收割机，对于比较低矮的禾草如羊草、燕麦等，采用此法比较好，比较省时，但由于实际中很多饲草种子的成熟期不一致，容易造成种子产量低、质量差等问题。分段收种法是常用方法，可以使种子完成后熟，保证种子产量和质量，也由于茎叶在收种时都已晒干，不仅脱粒容易，也便于种子清选。但由于刈割后晾晒过程易遭雨淋而造成种子的霉变和发芽，因此，必须要做好相关防雨防护工作。割顶收种法是一种比较新颖的收种方法，当种子稀缺、成熟期不一致、种子轻或有毛、芒、刺时，适宜采用此法收种。这种方法灵活性强，可成熟一片收一片，可一次或多次收种。这种方法可用于早熟禾、垂穗草、格兰马草、针茅等草种，而不适宜于落粒性强的冰草属和披碱草属等饲草。

图4－1　4LSC－500 牧草种子联合收割机

在具体生产实践中，根据种子田的大小、机械化程度的高低不同而采取不同的收获措施。一般来说，当种子田面积小、地势不平的地块时，可采用人工收获，也可视情况用手扶拖拉机或收割机进行收获。割后应立即打捆成草束，从田间运走，不要在种子田内摊晒堆垛，防止落粒。对于大型种子生产基地或种子场，由于种子田面积大，适宜用联合收割机等大中型机械收获，其特点是速度快，并省去了人工收获时所必需的工序，如捆束、晒干、运输、堆垛及脱粒等。选择应在无雾或无露的晴朗、干燥天气的清晨和上午进行收割，以减少种子损失。还有在收种刈割时，最好留茬高度保持在 20 ~ 40cm，以减少绿色杂草混入，减少收获时的困难和除杂工作量，保证种子质量。一般来说，人工收获的时间通常要比机械收获早一些，饲草收割后，先铺放于田间或捆成草束，使其自然干燥，然后经过一段时间再进行收种，便于脱粒。

三、种子的脱粒

将饲草在田间刈割后，要尽快运到干燥、干净的专用场地进行晾晒，在晒场上分成小垛，使其自然干燥，然后再用专用机械进行脱粒处理，以便于开展后续加工和包装工作。脱粒作业是种子生产过程中较为繁重的一道工序，脱粒过迟会降低种子收获量和种子质量。

在生产实践中，通常使用专用的种子脱粒机进行脱粒作业，很少用人工方法脱粒，但对于一些豆科饲草种子来说，可通过对晒干的饲草植株或花絮果荚进行滚压、锤敲打的人工方法使种子脱粒，然后筛去杂物的方法来进行脱粒。目前，我国的脱粒机有人力、简易式动力、半复式以及大中型复式脱粒机等多种类型机械，虽然我国种子生产收获机械设备总体水平不高，但脱粒机却广泛应用在种子生产中，且在农业生产上占有重要地位。在生产实践中，按照饲草作物的喂入方式，可把脱粒机分为全喂式和半喂式两大类。全喂式脱粒机是指将作物全部喂入脱粒装置，脱后茎秆碎乱，效率较高，但功耗较大。半喂入式脱粒机工作时，作物茎秆的尾部被夹住，仅穗头部分进入脱粒装置，功耗小且可保持茎秆完整，较适用于水稻也可兼用于麦类作物，但生产效率低，茎秆夹持要求严格否则会造成较大损失。

（一）全喂式脱粒机

按脱粒装置的特点又分为普通滚筒式和轴流滚筒式两种：一是普通滚筒式脱粒机。一般配备纹杆滚筒或钉齿滚筒，按机器性能的完善程度又分为筒式、半复式和复式 3 种：筒式一般只有脱粒装置，动力为 3.7 ~ 5.2kW，生产率为500～1 000kg/h，脱粒后大部分籽粒与碎秆混杂，小部分与长秆混在一起需人工清理。半复式具有脱粒、分离、清选等部件，脱下的籽粒与秆草颖壳等分开，以中小型为多，一般生产率为500～1 000kg/h，配7.4～11kW的动力机。复式除脱粒、分离、清选装置外，还设有复脱、复清装置并配备喂入、颖壳收集、秆草运集等装置，一般还可分级，可直接得到商品种粒。二是轴流滚筒式脱粒机。其装有轴流式脱粒装置，特点是不需设置专门的分离装置便可将谷粒与茎秆完全分开，作业时作物由脱粒装置的一端喂入，在脱粒间隙内做螺旋运动，脱下的谷粒同时从凹板栅格中分离出来，而茎秆由轴的另一端排出。

（二）半喂入式脱粒机

半喂入式脱粒机有筒式和复式之分，以复式在生产中多见，复式由半喂入式脱粒装置、清选风扇或配振动筛、排杂轮、谷粒输送装置等组成。工作时，作物由夹持机构沿滚筒轴通过脱粒装置，在脱粒室的作物穗部受弓齿的梳刷，打击脱粒，脱后的秆草由脱粒装置一端排出机外，脱下的谷粒、颖壳、碎草混杂物通过凹的筛孔进入清粮室，由风扇气流和筛选把杂质排出机外，谷粒则通过输送装置送出粮口，脱粒装置后的副滚筒可将断穗复脱，并将碎草迅速排除。

我国饲草种子收获机械的研究起步较晚，从20世纪70年代末，国家开始立项对饲草种子收获机械进行研究，截至目前已取得了一些成果。1981～1982年，吉林工业大学与新疆联合收获机厂共同首次完成了对4LQ-2.5联合收获机改装成草籽收割机的工作，但草籽的损失大（10%左右）和清洁度不高（50%左右）。1982年，黑龙江省畜牧机械化研究所研制的手动小型9GCZ-0.2型草籽收获机，该机结构简单易操作，但工作幅宽仅为0.2m，导致工作效率低。到了20世纪80年代末90年代初，原机械工业部呼和浩特畜牧机械研究所研制了92ZS-1.5型饲草种子收获机，该机采用割前脱粒技术，用于禾本科饲草种子收获。1990年，黑龙江省畜牧机械化研究所研制的92Z-1.4型苜蓿种子收获机，收获时在植株站立状态下就可进行脱荚，是一种比较新型的收获机具，但收获率仅为35%左右。1994年，长春华联农牧工程设备技术开发公司申请了发明专利：饲草种子联合收割机及其工艺流程，适用于常见的豆科、禾本科草籽收获，脱粒除芒复脱能力强。进入21世纪后，国家加大了科研投入和财政支持力度，一些科研单位和企业也积极地进行饲草收获机械的研究，取得了一些新成果，如中国农业机械化呼和浩特分院研制了9ZQ-2.7型苜蓿种子采集机、9ZQ-3.0型梳刷式禾本科饲草种子采集机以及5XT－5.0型苜蓿种荚脱粒清选机（图4－2）。2003年，呼和浩特畜牧机械研究所申请的专利：饲草种子割前脱粒收获机，在人工草场和地势较为平坦的天然草场作业，适宜收获种子集中长在顶部的饲草种子，不需要割草，特点是单刷辊，使用能耗低，作业效率高。2008年，中国农业机械化科学研究院申请了专利：一种自走式饲草种子联合收获机，采集能力强、种子收获率高、行距可调、脱粒滚筒转速可调，能完成作物直立状态脱粒且提高种子清洁度。总体而言，我国饲草种子收获机械研制和使用推广正在逐步发展中，只是总体机械化水平不高且存在机械收获损失大、脱粒净度低等问题。另外，目前国内已有的草籽收获机械多以中小型设备为主，缺乏大型草籽收获机，工作幅宽有限，收获效率低，不能满足当前国内饲草种子生产发展的需要。

图4－2　5XT－5.0型苜蓿种荚脱粒清选机

第二节　种子的物理特性

种子的物理性（physical property）是种子本身在移动、堆放过程中所反映出来的多种物理特性。物理特性包括两类：用单粒种子进行测定的，如籽粒的大小、硬度和透明度等；另一类是用种子群体进行测定的，如重量、比重、容重、散落性等。种子的物理特性受品种遗传特性和环境因素共同影响。种子的物理性与种子的加工、贮藏、运输密切相关，了解和掌握种子的物理特性，对种子的加工贮藏具有一定的指导意义。

一、种子的千粒重、容重和比重

1. 千粒重（weight per 1 000 seeds）

千粒重指国家标准水分植物种子1 000粒的重量（g），通常则指自然干燥状态下1 000粒种子的重量（g）。千粒重是种子产量构成三大要素之一，亦是种子质量的重要指标。

国家规定水分千粒重指国家标准水分饲草种子1 000粒的重量。规定实测水分和千粒重，按国家标准规定的种子水分，折算成规定水分的千粒重。方法如下：

国家标准水分种子千粒重 = 实测千粒重 × （1 - 实测水分%）/（1 - 规定水分%）

影响千粒重的因素有内因和外因，因植物类型不同、品种不同千粒重差异很大，这是由遗传因素造成的，是内因；同品种因生长环境、收获期而有较小差异，这是由外因造成的。种子的粒大、饱满充实、营养品质好、贮藏物质多、胚大、活力高则千粒重高。

千粒重的测定方法有千粒法、百粒法和全粒法。千粒法指从净种子中数取1 000粒（大粒500 粒）称重，两次重复，取其平均值。若两次重量差 <5%则取其平均数，若两次重量差 >5%，则称取第3 份试样，选两次差距最小的计算平均值。

百粒法指从净种子中数取每份试样100 粒，8 次重复，称重后计算变异系数，要求带稃壳种子的变异系数 <6.0，其他种子的变异系数 <4.0。若超过此数值，则应再测8 个重复，计算16 个重复的标准差，凡与平均数之差超过2 个标准差测定值的均略去，计算其余重复的平均值。

全粒法是将全部净种子试样或称取一定重量的种子全部计数，然后换算出千粒重。百粒法为国际规程中常用的方法，因其计算麻烦，我国很少用，一般用千粒法。

2. 容重（volume weight）

种子容重指单位容积内种子的重量，单位为g/L。种子容重大小和种子外形及内部结构有关：种子粒小、不整齐、表面圆而光滑、内部结构充实致密、油分含量低、混杂物沉重的种子容重大。种子水分与容重的关系因情况不同而有差异。当种子水分增加时，种子体积膨大，种子变得丰满光滑，同时，在湿润条件下，种子摩擦系数显著增大，从而使种子容重与水分呈负相关。另一种情况如燕麦等带稃壳的种子，开始种子水分增加时，容重开始下降，之后随水分增多容重逐渐上升。

容重是种子品质的重要指标之一，在贮运时可以根据容重计算仓容和运输所需车皮数。

3. 比重（specific gravity）

种子比重是指种子绝对重量与绝对体积的比值，单位为 g/ml。种子比重的大小与种子的形态构造、内含物质、化学成分密切相关。种子表面光滑无附属物、致密角质、脂肪含量少的比重大，一般种子愈成熟、愈饱满比重愈大。但油质种子恰好相反，种子成熟度愈高、愈饱满比重愈小。种子工作中，种子比重常用于清选分级、播前处理、计算种子堆密度（种子堆密度 = 容重/比重 ×100%），一般种子容重和比重呈正相关。

比重可以用排水法和比重瓶测定，排水法就是用种子质量（g）/种子体积（ml）。方法是：在精细刻度的小量筒内装 50% 的酒精或水约 1/3，记下所达到的刻度，然后称适当重量的净种子样品，放入量筒中，观察刻度，两次刻度之差就是该种子样品的体积，代入公式，即可求出比重。用排水法求出的比重比较粗放，需要精确时可以用比重瓶法。比重瓶法：称净种子 2～3g，精确到 0.001g（W_1），将二甲苯（甲苯或 50% 酒精）装入比重瓶，到标线为止，多余的用吸水纸吸去，把装好二甲苯的比重瓶称重（W_2）。将二甲苯倒出一部分，加入称好的种子，再将二甲苯加到标线处，称重（W_3）；计算：

$$S = G \times W_1 / (W_2 + W_1 - W_3)$$

其中：S 为比重，G 为二甲苯的密度（15℃时为 0.863），（$W_2 + W_1 - W_3$）为排开二甲苯的重量。

二、种子堆密度和孔隙度

种子堆的体积实际是由种粒（包括固体杂质）和空隙构成。种堆密度（density）是指种粒体积占种堆总体积的百分数；种堆孔隙度（porosity）指种堆空隙体积占种堆总体积的百分数，二者互为消长，之和恒等于 100%，即密度+孔隙度=100%。不同的种子密度和孔隙度有很大差异，主要决定于种子颗粒的大小、形状、混杂物等。如种粒大且均匀、有颖壳或毛、种堆中轻型杂质多、种子干燥（未吸潮）、种堆薄、未受挤压则种堆孔隙度大，密度小；反之则孔隙度小，密度大。种堆孔隙度大，有利于内外气体交换，这样熏蒸杀虫效果好、温湿气体易散发、有毒气体散发快，种子耐贮藏。

种子的密度测定时，先要测定种子的绝对重量，绝对体积及容重，利用下式计算即可：

种子密度（%）=绝对体积×容重/绝对重量，或种子密度（%）=种子容重/种子比重，孔隙度（%）=100-密度

从密度计算的公式看，密度与容重成正比，而与比重成反比，似乎种子比重愈大，密度愈小。但实际中它们的关系并非这样简单，因为比重影响容重，比重大，容重也相应增大，密度也随之提高。

三、种子的散落性和自动分级

一个种子群体，受到外力影响，各子粒（成分）相互间的位置会发生变动，即具有一定的流动性。流动的程度和形式受外力和自身性质影响。

1. 散落性（flow movement）

种子散落性是指种子由高处下落或向低处移动时向四周流散开来的特性。种子从高处落下时达到一定数量，就会形成一个圆锥体，圆锥体的斜面与平面会形成一定角度，角度的大小可以反映种子散落性的大小。

（1）静止角（angle of repose）：指种粒从一定高度自由落到水平面上所形成圆锥体的斜面和底部直径构成的夹角。静止角越大，种子之间的摩擦力越大，种子的散落性越小。

（2）自流角（angle of auto-flowing）：指种粒在一斜面上开始滚动到绝大多数种子滚完，两个斜面与底面构成的夹角。静止角和自流角小种子的散落性好，对仓壁的侧压力小，可以安全贮藏。

种子的散落性决定于种子形态、含杂质情况、水分含量等。种子圆、滑、稍大、完整则散落性大；种子所含杂质为重大型、轻浮杂质少则散落性大；种子水分含量低、贮藏未吸湿发热、无霉无虫则散落性大。

种子的散落性和种子清选输送有关：种子清选时自流躺筛的倾斜角应稍大于静止角，使种子顺利通过；种子输送时输送带的坡度应小于静止角，以

防种子下滑。

2. 自动分级（auto-grading）

种子堆移动时，种子堆中性质相似的组分会聚集在相同的部位，使种堆中的各个组分发生重新分配和聚集的现象，称自动分级。之所以会发生自动分级现象，主要是因为种堆内各组分的比重不同、散落性不同。种子在出入库和运输过程中均能发生自动分级。

种子自动分级发生的程度决定于移动方式和移动距离，如果移动距离远、进行机械移动、落点较高、流速比较快种子的散落性好，自动分级严重。且重新分配后杂质在堆顶，瘦秕粒轻杂质在堆周围。自动分级打破了种堆平衡，常导致孔隙度变小、吸湿性增强，易返潮、易发热、生虫发霉，这些会影响熏蒸效果和扦样的代表性。应提高清选水平，改进贮运技术以避免严重的自动分级发生。但自动分级有利于种子的清选，许多清选器具是利用种子自动分级的原理设计的。

四、种子的导热性和热容量

1. 导热性（thermal conductivity）

种子传导热量的性能称导热性。种堆传热方式有种粒彼此直接接触、空隙中空气流动。

导热性强弱用导热率表示，导热率指单位时间内通过单位面积静止种子堆的热量。种子是热的不良导体，导热系数小，如果种子的温度比较低，就不易受外界气温上升的影响，有利于保持种堆内相对恒温，有利于种子安全贮藏。如果外界气温较低，而种子堆温度较高，由于种子导热很慢，种子堆不能迅速冷却，以致长期处于高温条件，种子会持续进行旺盛的生理代谢，促使种子的生活力迅速减退或丧失，对种子贮藏不利。种堆的导热量与内外温差、传热时间、种堆表面积成正比，与种堆高度呈反比。所以，若外界高温，可将种子堆高，密闭（春、夏季节）；若外界低温，可将种堆摊开，通风（秋、冬季节）。

2. 热容量（thermal capacity）

1kg 种子升高 1℃所需的热量，为热容量，单位为 kJ/（kg·℃）。种子的热容量主要受化学成分及各成分的比率影响。干淀粉的热容量为 1.548kJ/（kg·℃），油脂为 2.010kJ/（kg·℃），水为 4.184kJ/（kg·℃）。水的热容量比一般种子的干物质热容量要高出一倍以上，因此水分愈高的种子，其热容量愈大。了解种子的热容量，可推算种子在秋冬季节贮藏期间放出的热量，并可根据热容量、导热率和当地的月平均温度来预测种子冷却速度。新收获的种子入库后冷却中要放出大量热量，应尽量通风；春末夏初，仓贮种子升温要吸收大量热量，应及时密闭。

3. 种子的吸附性和解吸性

（1）吸附性：种子胶体具有多孔性的毛细管结构，在种子表面和毛细管内部可以吸附其他物质，这种特性称为吸附性。当种子与挥发性农药、化肥、汽油、煤油、樟脑等物质贮藏在一起，吸附性会使种子表面和内部逐渐吸附这些物质的气体分子。吸附作用因吸附深度不同可分为 3 种形式，吸附：气体分子凝集在种子胶体表面；吸收：气体分子进入毛细管内部而被吸着；毛细管凝结：气体分子在毛细管内达到饱和状态开始凝结而被吸收。在单位时间内能被吸附的气体数量为吸附速率。

（2）解吸作用：被吸附的气体分子也可以从种子表面或毛细管内部释放出来而散发到周围空气中去，这一过程是吸附作用的逆转，称为解吸作用。

影响种子吸附性的因素很多：种子表面疏松，吸附力较强，表面光滑、坚实、有蜡质，吸附力较弱；种子有效吸附面积越大，吸附力越强；气体浓度越大，内部和外部气压差越大，吸附越快；易凝结及化学性质较为活泼的气体，易被吸附。吸附是放热过程，解吸是吸热过程。

第三节 种子加工

饲草种子加工是指对饲草种子从收获到播种前采取的各种技术处理，包括清选、干燥、包衣和计量包装等工艺流程，以改变种子的物理特性，提高种子品质，获得具有高净度、高发芽率、高纯度和高活力商品种子的过程，是种子产业发展的核心。经加工的种子具有以下几方面的显著优点：第一，种子质量明显提高，可以减少播种量，降低农业生产成本；第二，按不同的用途和销售市场，加工成为不同等级的种子并实行标准化包装销售，提高种子的商品性，有效地防止假冒伪劣种子的流通与销售；第三，饲草种子加工处理后，籽粒饱满，大小均匀，杂质很少，播后生长整齐，成熟期一致，有利于机械化播种和收获，提高劳动效率；第四，饲草种子经过加工，去掉大部分含病虫害的籽粒并包衣，使药剂缓慢释放，减少了化肥农药施用量，有利于环境保护。

一、种子清选

种子收获后，含有很多杂质如废种子、异种、颖壳、茎、沙等。为保证种子的种用品质和安全贮藏，入库前必须进行清选工作，以提高种子的纯净度。生产中，未经清选的种子堆，成分相当复杂，不仅含有各种不同大小、不同饱满度和完整度的本品种种子、还含有相当数量的各类混杂物，而各类种子或各种混合物各具固有的物理特性，如形状、大小、比重及表面结构等。种子的清选和分级就是根据种子群体的物理特性以及种子和混合物之间的差异性，通过专门的机械设备来完成，普遍应用的是种子种粒大小、外形、密度、表面结构等特性，在机械操作过程中（如运输、振动、鼓风等）将种子与种子、种子与混杂物分离开。清选机就是利用其中一种或数种特性差异进行清选的。

（一）根据种子尺寸大小进行分离—筛选机

根据种子的大小，可用不同形状和规格的筛孔，把种子与夹杂物分离开，也可以将长短和大小不同的本品种种子进行分级。

1. 按种子的长度分离

按长度分离是用圆窝眼筒来进行的（图 4－3）。窝眼筒为一内壁上带有

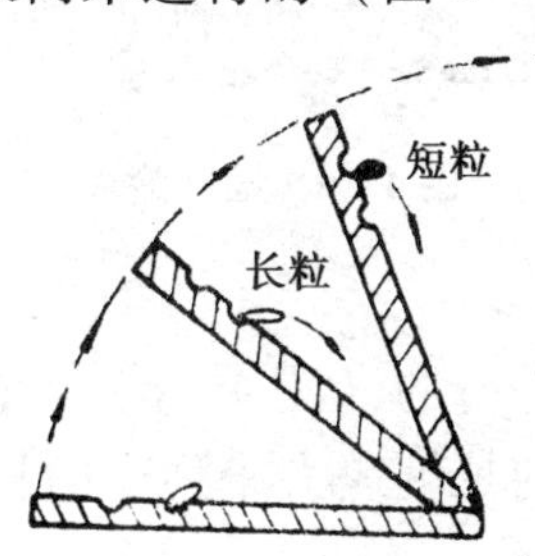

图 4－3　种子按长度分离的原理

圆形窝眼的圆筒，筒内置有盛种槽。工作时，将需要进行清选的种子置于筒内，并使窝眼筒作旋转运动，落于窝眼中的短种粒（或短小夹物）被旋转的窝眼滚筒带到较高位置，接着靠种子本身的重力落于盛种槽内。长种粒（或

长夹物）进不到窝眼内，由窝眼筒壁的摩擦力向上带动，其上升高度较低，落不到盛种槽内，于是长、短种子分开（图4－4）。一般圆窝筒转速为30～45r/min。

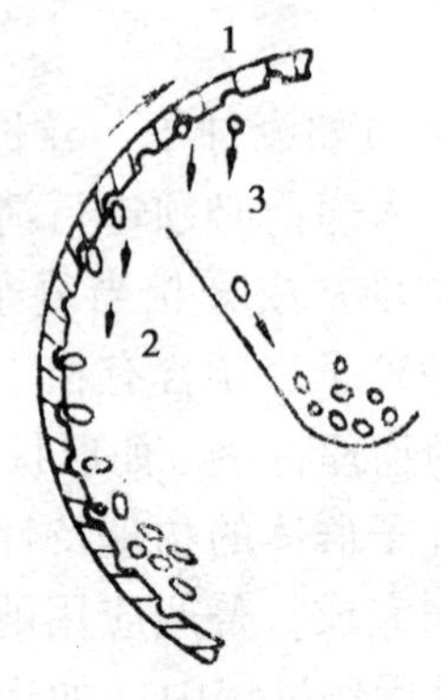

图4－4　窝眼筒工作原理

1. 转动方向；2. 长粒流动方向；3. 短粒流动方向

2. 按种子的宽度分离

按宽度分离是用圆孔筛进行的（图4－5）。凡种粒宽度大于孔径者不能通过。当种粒长度大于筛孔直径2倍时，如果筛子只作水平运动，种粒不易竖直通过筛孔，需要带有垂直振动。

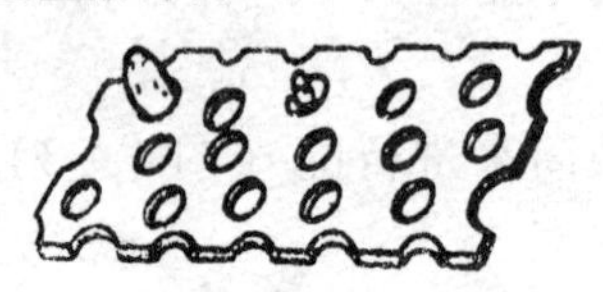

图4－5　圆孔筛

3. 按种子的厚度分离

按厚度分离是用长孔筛进行的（图4－6）。筛孔的宽度应大于种子的厚度而小于种子的宽度，筛孔的长度应大于种子的长度，分离时只有厚度适宜的种粒通过筛孔。

根据种子大小，在固定作业的种子精选机上，就可以利用各种规格的分级筛圆孔筛，长孔筛和窝眼滚筒，精确地按种子宽度、厚度和长度分成不同等级。

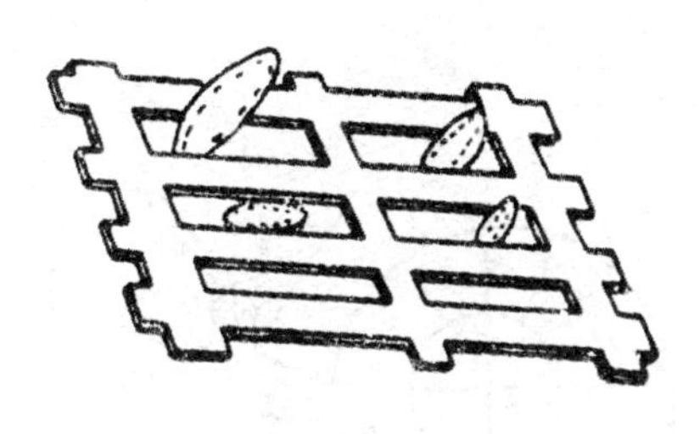

图4-6 长孔筛

(二) 利用空气动力学原理进行分离—风选机

按种子和杂物对气流产生的阻力大小进行分离应用的是空气动力学原理。种子在垂直向上的气流中会出现3种情况：即种子下落、吹走和悬浮在气流中。使种子悬浮在气流中的气流速度，称之为临界风速。在分离过程中，可以利用种子和夹杂物之间临界风速的差异将其分开。如在清选小麦种子时，小麦种子的临界风速为89m/s，可选择小于此风速的气流速度将颖壳和碎茎全部吹走，把小麦种子留下。

目前，利用空气动力分离种子的方式除垂直气流分离外（图4-7），还有平行气流分离和倾斜气流分离（图4-8）。上述临界风速的大小与种子形状、重量、大小和气流状态有关。一般要从实验中求得，且随条件不同，所得的数据也有所不同，有时会相差较大。

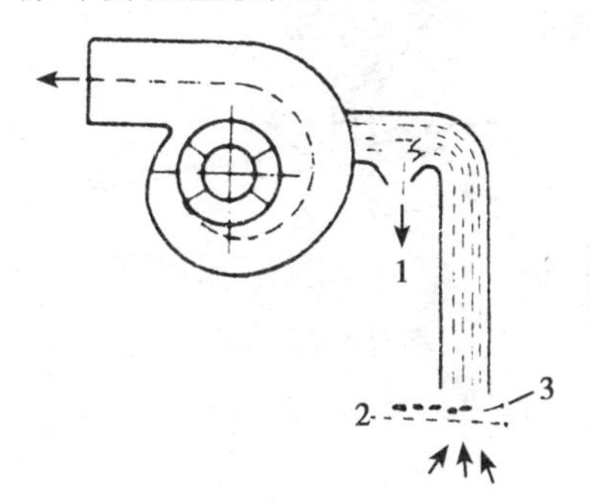

图4-7 垂直气流清选

1. 轻杂质；2. 筛网；3. 种粒

(三) 根据种子表面结构进行分离—用于饲草种子

如果种子混杂物中的某些成分，难以依尺寸大小或气流作用分离时，可

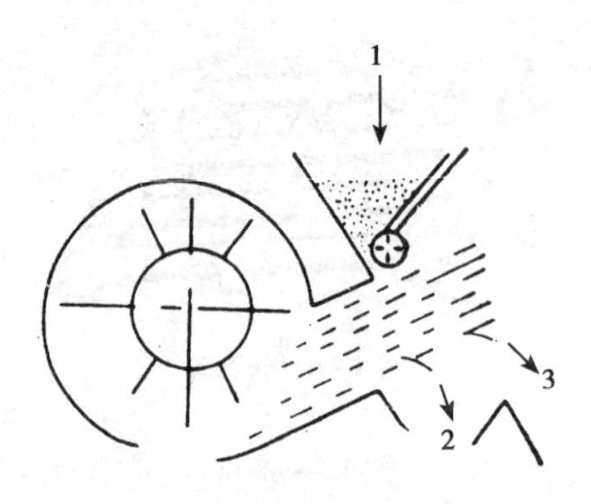

图 4－8　倾斜气流清选

1. 喂料斗；2. 种粒；3. 轻杂质

以利用它们表面的粗糙程度进行分离（图 4－9）。采用这种方法，一般可以剔除杂草种子和谷类作物中的野燕麦。例如，清除豆类种子中的菟丝子和老鹳草，可以把种子倾倒在一张向上移动的布上，随着布的向上转动，杂草种子被带向上，而光滑的种子向倾斜方向滚落到底部。对形状不同的种子，可在不同性质的斜面上加以分离。斜面角度的大小与各类种子的自流角度有关，若需要分离的物质自流角有显著差异时，则很容易分离。

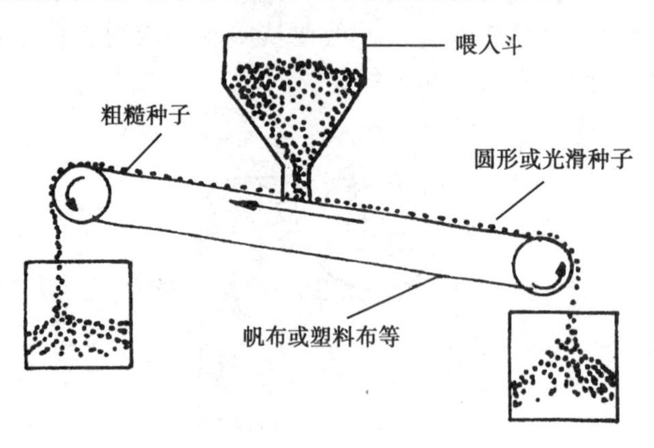

图 4－9　按种子表面粗糙程度清选机平面图

（四）根据种子的比重进行分离—重力筛选

种子的比重因植物的种类、饱满度、含水量以及受病虫害程度的不同而有差异，比重差异越大，其分离效果越显著。重力筛选的工作原理是重力筛在风的吸力（或吹力）作用下，使轻种子或轻杂质瞬时处于悬浮状态，作不规则运动，而重种子则随筛子的摆动作有规则运动，借此规律将轻重不同的种子分离。重力式清选机主要有以下部分组成：机座和机架、风机、压力空气室、工作台面、喂料斗、驱动系统、排料系统等组成。比重清选机是利用比重分离与筛选结合的设备，是一种新型的组合筛，比传统风筛机工作效果更好，且纯净度更高，方便用户调节使用（图 4 – 10）。

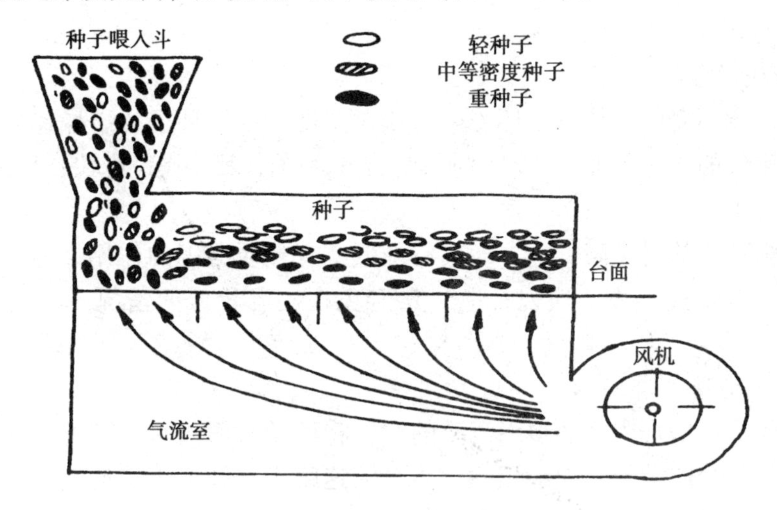

图 4 – 10　比重清选机剖面图

二、种子干燥

收获的新种子，即使完熟期收获的，种子内部也含有相当的水分，而种子的水分含量可直接影响种子的贮藏寿命。所以，种子在入库前必须检查其含水量，含水量高于 14% 的种子，必须经干燥处理，达到 14% 以下才能入库贮藏，因为只有使种子含水量达到安全贮藏所规定的标准，才能达到减弱种子内部生理生化作用对营养物质的消耗、杀死或抑制有害微生物、加速种子的成熟，提高种子质量的目的。

但种子是一个活的有机体，是一团凝胶，具有吸湿和解吸的特性。种子的水分主要受温度和空气相对湿度的影响，随吸附和解吸过程而变化。在低温潮湿的条件下，干燥的种子会从空气中吸水回潮，称吸湿。在温度较高和湿度较低的条件下，潮湿种子内部的水分就会逐渐向外散失，称解吸。当吸附过程占优势时，种子水分增高；当解吸过程占优势时，种子水分降低。当环境中温度和湿度条件保持不变，经过相当时间后，种子中的水分就基本稳定，这时的水分，称为该温度湿度条件下的平衡水分。种子干燥就是通过干燥介质给种子加热，利用种子内部水分不断向表面扩散和表面水分不断蒸发来实现的。

种子干燥主要受相对湿度、温度、气流速度以及种子本身生理状态 4 种因素影响。

1. 相对湿度

在温度不变的条件下，环境中的相对湿度决定了种子的干燥速度和含水量。如空气的相对湿度小，对含水量一定的种子，其干燥速度快；反之则慢。

2. 温度

干燥环境的温度高，一方面具有降低空气相对湿度的作用，另一方面能使种子水分迅速蒸发。所以，应尽量避免在气温较低的情况下对种子进行干燥。

3. 气流速度

种子干燥过程中，必须用流动的空气将种子表面的水分带走，才能使种子内部的水分向种子表面继续蒸发。气流速度大，种子干燥的快；气流速度小，种子干燥的慢。

4. 种子本身生理状态

刚收获的种子含水量较高、新陈代谢旺盛，进行干燥时宜缓慢，或先低温后高温进行两次干燥，以确保种子质量。

在生产实践中，种子的干燥方法有自然干燥和机械干燥两种方法。所谓种子的自然干燥是指利用日光暴晒、通风、摊晾等方法来降低种子的含水量。其第一阶段是先将收割后的饲草植株捆成束架晒于晒场上，或打开均匀摊晒在晒场上。晒场应选择空旷、通风、阳光充足的地方。在晾晒过程中每日要翻动数次，然后进行脱粒；第二阶段是选择晴朗、气温较高、相对湿度低的天气，将脱粒后的种子摊在晒场上进行暴晒或摊晾，根据场地具体情况及种子的湿度来确定种子摊铺的厚度，每天要勤翻几次，薄摊勤翻的目的是为了增加种子与阳光和空气的接触面积，提高干燥效果。利用日光晾晒不仅效率高、经济，同时，日光暴晒能促进种子后熟作用的完成，并具有灭菌杀虫的作用。最后，再将晾晒好的种子入库保存。

种子的机械干燥法，是指利用各种干燥机械设备对种子进行干燥，其工作原理是在一定条件下，提高空气的温度可以改变种子水分与空气相对湿度的平衡关系。不同类型的种子，不同地域，所采用的加热机械和烘房布局也各不相同，如图 4－11 和图 4－12。但用此法干燥种子都应注意如下事项：绝

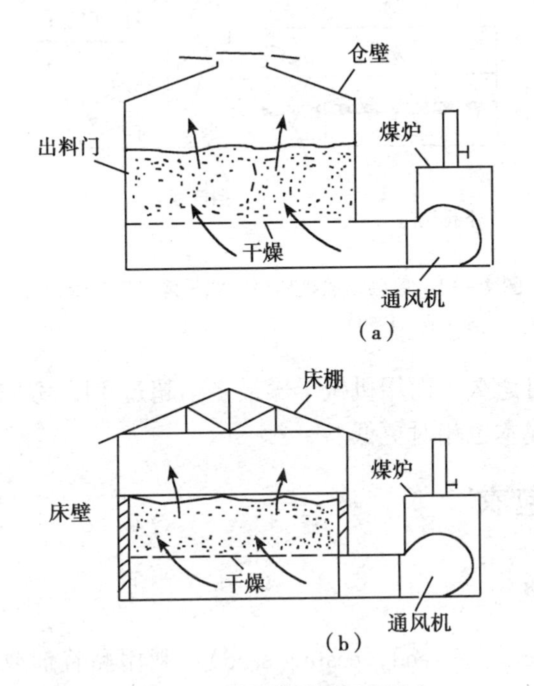

图 4－11　简易堆放式干燥设备

（a）圆仓式干燥仓结构；（b）平床式干燥仓结构（李笑光，1989）

不可将种子直接放在加热器上焙干；应严格控制种温；种子在干燥时，一次失水不宜太多；如果种子水分过高，可采用多次间隙干燥法；经烘干后的种子，需冷却到常温时才能入仓。用机械干燥种子的优越性表现在：①用机械烘干种子，可省力、省时、减少种子损失。②可提高种子质量，安全可靠，保证种子含水量一致且符合标准要求。有研究表明：经机械干燥的种子与自然干燥的种子相比，田间出苗率更高，可提高发芽率 3% 左右，且发芽快 3～5d，产量提高 5% 左右。③采用机械干燥可以缩短种子收获的时间，一般用自然晾晒的方法使种子含水量达到 14% 左右，至少需要 10d 以上，加之阴雨

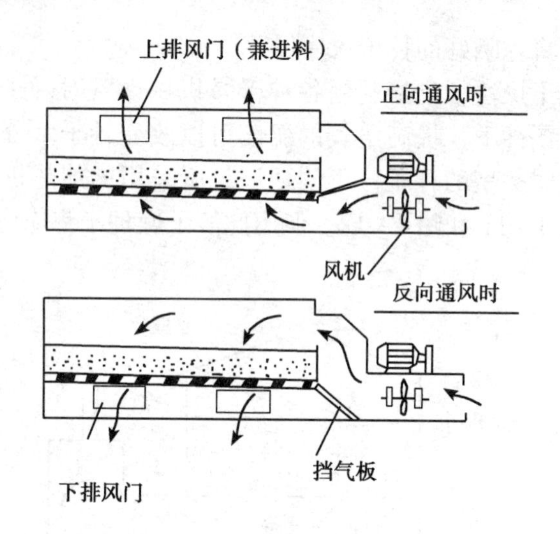

图 4-12　单层堆放换向通风式干燥机工作原理图
（李笑光，1989）

天气可能达半个月之久，而用机械干燥最多不超过 3d，考虑到现在人工成本较高，机械干燥成本也相对更低。

三、种子包衣

（一）包衣概念

种子包衣（pelleting seed，coating seed）：利用黏着剂或成膜剂，将含有农药、肥料、微生物、营养元素、生长调节剂等有效成分的种衣按一定比例均匀有效地包裹到种子表面，使种子均匀一致的处理技术。

种子包衣是种子生产加工过程中的一个重要环节，它以种子为载体，以包衣设备为手段，通过包衣可以使种子从贮藏到成苗的过程中得到有效保护，它是提高种子抗逆性、抗病性，加快发芽，促进成苗，增加产量，提高质量的一项种子处理技术，目前在我国农业生产中被广泛推广应用。

种子包衣是实现种子质量标准化的重要措施。该工艺要求种衣剂必须在种子表面分布均匀，同时要严格控制好药种比例，并根据不同饲草作物和不同防治对象选用不同剂型的种衣剂。种衣剂常用配方组成：根瘤菌剂、促生菌、农药、肥料、生长调节剂、高分子树脂吸水材料、杀虫剂、除草剂、驱鼠剂等各类用途制剂为主，添加黏土、滑石粉、泥灰、炉灰等惰性物质，再添加阿拉伯树脂、聚乙烯醇、纤维素钠、淀粉等黏合剂，制作成各种类型的包衣剂，然后与饲草种子混合、搅拌、丸化、干燥，这样就在种子外表均匀地包上一层不易脱落的种衣。

（二）包衣种衣剂分类

根据种衣剂处理种子后是否改变种子形状、种衣剂的使用时间、应用范围、组成成分、剂型、功能特性等可以做以下分类。

1. 按包衣是否改变种子形状分类

①薄膜种衣剂：种子经薄膜种衣剂包衣后不改变种子形状和大小，重量一般增加2%～15%，我国现已研究和推广应用的种衣剂基本属于此类型。②丸化种衣剂：包衣后改变种子的形状及大小，形成外表光滑、颗粒增大，形成类似“药丸”的丸（粒）化种子，一般使种子重量增加3～10倍以上，以便于能更好地机械化播种，且增强良种的抗逆性。但目前由于存在价格、发芽率不能保证等问题，国内商品化的丸化种衣剂很少。

2. 按使用时间分类

①预结合型：种子与药物先包衣成型，可随时播种，也可经较长的贮存期后再播种。但该型种衣剂配方制作技术复杂，生产中利用不多。②现制现用型：只在播种前几小时或几天内用种衣剂包覆种子，起消毒、杀菌、健苗及防治苗期病虫害的作用，该种衣剂所涉及问题相对较少，目前我国种衣剂多为此类型。

3. 按应用范围分类

①多作物种衣剂：该类种衣剂适用于多种作物。如中国农业大学研制的种衣剂4号适用于花生、玉米、小麦等作物种子包衣，其不仅应用范围广，且有广谱的防病治虫效力。②单一作物种衣剂：只适用于一种作物种子包衣，用于其他作物有时可产生药害或效果下降。如棉花、玉米、水稻、小麦、大豆、西瓜、油菜、番茄、菠菜等专用种衣剂，其虽只适用于一种作物，但针对性强，防病治虫效果常高于多种作物种衣剂。

4. 按组成成分分类

①单元型种衣剂：是为解决某一问题而配制的种衣剂。如杀虫种衣剂、防病种衣剂、除草种衣剂等。其特点是针对性强，能及时彻底地解决生产上

的某一突出问题，药用效率高、效果好，国外种衣剂多属此类型。②复合型种衣剂：是为解决两个或两个以上问题，利用多种有效成分复配而成的。我国目前开发研制的多为此类型种衣剂，且药肥复合型种衣剂一直处于世界领先地位。

5. 按剂型分类

①粉剂种衣剂：商品化的丸化种衣剂和部分薄膜种衣剂为粉剂制剂。丸化种衣剂一般制为粉剂，在生产中应用比较广泛，在包衣过程中用水进行喷雾包衣，最后用填料包封外层，对操作人员安全。②水剂种衣剂：将粉剂种衣剂加入少量悬浮剂或悬乳剂，对水稀释成的制剂，成膜剂多为聚苯乙烯。水剂种衣剂成膜性强，使用时用一定的药种比包衣，不可稀释，一般 20min 内成膜，保证药剂在种子表面的牢固附着与均匀分布。

6. 按功能特性分类

①物理型（泥浆型）：主要用于小粒种子丸粒化，具成膜性，崩解速度快，有控制释放作用，包括利于播种的种衣剂、抗流失种衣剂。其中，大粒化种衣剂目前在饲草上广泛应用，此种衣剂可使微小型饲草种子体积增大，表面变光滑，且使种子大小一致，适于机械播种。②化学型种衣剂：即为药、肥、激素型种衣剂。其中，包括杀虫杀菌种衣剂、常量元素肥料和微肥种衣剂、除草剂种衣剂（澳大利亚在饲草种子上用此类种衣剂包衣已获成功）、复合型种衣剂。③生物种衣剂：利用有益微生物为有效成分制成种衣剂处理种子，可防止污染，保护环境。如根瘤菌种衣剂，广泛用于饲草种子包衣上，经包衣的饲草种子，即使在恶劣气候条件下，经过一段时间，种子表面仍能保持相当数量的根瘤菌和较高的固氮能力。④特异型种衣剂：用于特定或特殊目的的种衣剂。其中，包括蓄水抗旱种衣剂、抗寒种衣剂、逸氧种衣剂等。

（三）包衣种子的特点

经包衣技术处理后的种子，具有以下几个优点：①有利于提高种子质量，播种保全苗，节省种子与农药。种子包衣以后可以提高种子发芽能力和防病保苗效果，实行精量播种。一般比不包衣节约 25% 的种子，还可提前出苗 2～3d，一般粮食作物保苗效果在 95% 以上。同时，由于包衣种子周围形成一个“小药库”，药效持续期长，可减少后期用药量。②促进植物生长，提高饲草产量。种子包衣剂中的微肥和植物生长剂，能刺激种子生根发芽，有明显的促进前期生长作用，可提高农作物的产量和品质。有研究表明，一般粮食作物增产可达7%～15%。③防病虫害效果好，有利于保护环境。包衣种子不仅可有效防止病虫害，且由于种衣剂和丸化材料随种子隐蔽于地下，能减少农药对环境的污染和对天敌的杀伤，保护生态环境。④利于种子市场管理。种子经过精选、包衣等处理后，可明显提高种子的商品形象，再经过标牌包装，有利于品种区分，有利于识别真假和打假防劣，便于种子市场的净化和管理。另外，对于籽粒小且不规则的种子，经丸化处理后，可使种子体积增大，形状、大小均匀一致，有利于机械化播种。

（四）包衣机

在生产实践中，为了省时省力和提高生产效率，一般使用专门的种子包衣机来进行种子包衣加工处理。种子包衣机结构一般由种子定量供给装置、种衣剂定量供给装置、种衣剂雾化装置、种子与种衣剂混配系统、回转清淤及搅拌推送系统等组成。其工作原理是经过精选的种子送入接料口，由种子定量供给装置将种子送入转筒，同时经药泵输入药箱的药液，通过雾化装置均匀地雾化喷在种子上，然后在滚筒内通过对种子和药液的充分均匀的混合搅拌，完成整个包衣过程（图4－13和图4－14）。

目前，国内生产包衣机械的厂家有很多，包衣机类型也多种多样。我国种子包衣技术研究起步较晚，1976年，轻工业部甜菜糖业研究所首次对甜菜种子包衣进行了研究。1981年，中国农业科学院土壤肥料研究所研制成功了适用于我国饲草种子飞播的种子包衣技术。到20世纪80年代初，由中国农业大学主持，率先在国内开展了种衣剂系列产品配方、制造工艺及应用效果的研究和推广应用工作，先后研制成功了适用于我国不同地区、不同作物良种包衣需要的种衣剂系列产品30多个型号，但主要集中在玉米、小麦、棉花、水稻、蔬菜、大豆、花生等粮食和蔬菜作物上，相对来说，对饲草作物种子的相关研究较少。近些年，随着国家对饲草产业发展的重视，国内对优质饲草及其饲草种子的需求日益增大，加之近年来病虫害的大面积发生等，很多企业和研究机构开始重视对饲草种植及种子生产加工工艺的研究，这些都带来对种子包衣的不断需求，都促使了包衣行业的发展。

另外，在生产实践中，包衣种子通常在饲草种子播种前进行，一般是当年包衣，当年播种，因为包衣种子不耐贮藏。但随着种子包衣技术的普及和

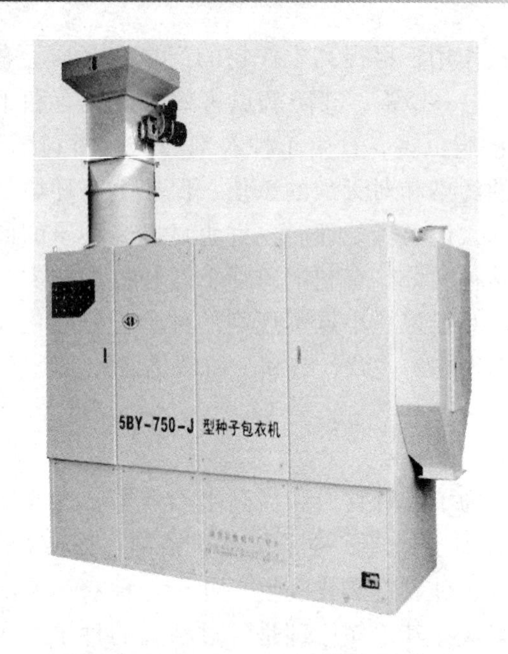

图 4－13　5BY－750－J 型种子包衣机

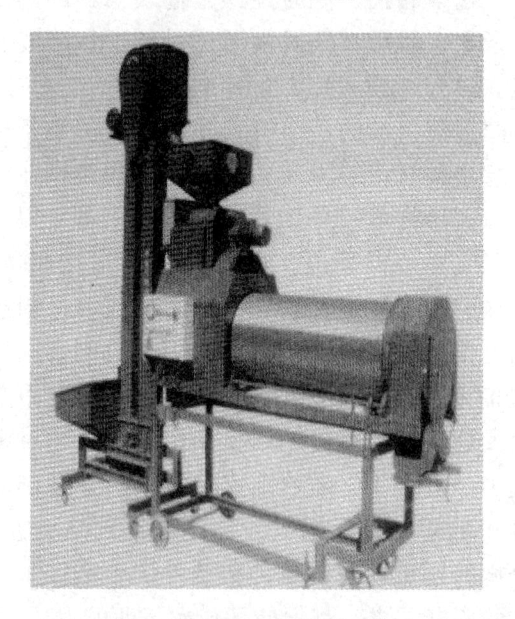

图 4－14　5XBY 型种子包衣机

推广，包衣种子的隔年贮藏技术已成为种子经营者面临的又一新问题。这是因为包衣种子外表包裹着多种化学物质，具有与非包衣种子不同的特征特性，若按种子常规贮藏技术保管，极易造成种子劣变，导致发芽率降低，甚至失去种用价值。为此，在包衣种子贮藏过程中，必须根据其贮藏特性，有针对性地采取相应的技术措施，才能达到安全贮藏的目的。

四、种子的包装

种子经清选、干燥等加工处理以后，在入库之前一般需要对种子进行包装处理，以方便和保证贮运、防止饲草品种间混杂、感染病虫害以及种子变质，同时也有利于销售买卖、防止假冒和便于识别等。

（一）包装工作的要求

要求包装的种子符合规定含水量、发芽率和净度标准；包装材料和容器要防湿、清洁、无毒、不易破裂、重量轻等；按不同饲草作物种子特点特征及其播种量等，确定适合的包装大小，以利于使用和销售；包装材料上应加印或粘贴标签，注明作物和品种的名称、品种特征特性、栽培技术要点，还要注明种子重量（如千粒重）、产地、采种年月、种子品质指标（如纯净度、发芽率）等，最好附有醒目的成熟商品图案或照片。

（二）包装材料

对于不同饲草作物种子，其适宜的包装材料及包装大小都是不同的。包装材料及质地有多种样式和类型，但所有包装材料必须要具备以下几个共同的基本特点：第一，具有耐用性，即贮藏、运输、销售过程中不易破损，抗拉，抗搬。第二，具防潮性，在相对湿度较高的贮藏环境中，包装材料能防止种子进一步吸湿，以保证种子贮藏安全。第三，要具有适用性，包装应满足低成本、安全和美观等要求。

在生产过程中，具体包装材料的选用要按饲草种子种类、种子特性、种子水分、保存期限、贮藏条件、种子用途和运输距离及地区等多种因素和条件来综合考虑，确定适宜本品种种子的包装材料及类型。一般来说，大致可以把包装材料分为透气性包装材料、防潮抗湿包装材料两大类，前者代表材料有麻织品、棉织品、纸袋、编织袋等，其特点是透气性好，大多数抗拉力强，但防潮性差，不宜在高温高湿条件下使用。而防潮抗湿的典型材料有聚乙烯塑料、纸与塑料复合材料、金属锡箔、玻璃材料等，其特点是透气性差或密封不透气，防潮抗湿性强，包装时对种子含水量要求相对较低。

（三）种子包装单位

我国种子包装单位尚无统一标准，常用的有：按重量包装和按粒（数）包装等。其中，按重量包装的有：①麻袋—90kg 装、50kg 装；②编织袋—50kg、25kg、10kg、5kg；③纸、金属罐—50g、100g、500g 等；④铝锡纸、聚乙烯塑料或薄膜—10g、50g 等。按粒包装—50 粒、100 粒、1 000粒、10 000粒等。

（四）种子定量包装

种子包装作业是把经过清选、干燥和包衣等处理的新收获种子，用专用的种子定量包装机进行装填入袋并进行封口的一道作业工序。在进行种子包装之前，首先要确保种子符合国家有关规定和质量标准，并要求种子包装袋、种子定量包装机符合国家和地方有关种子包装方面的法律法规及有关技术标准规定，达到种子生产包装的标准化要求。

在种子包装材料、标签的使用以及计量精度等方面，国家有关部门及相关法律已做出了明确的规定。包装后的种子应定时进行抽检，严格把关，做到包装质量、计量精度合格。在生产中，为提高包装质量和节省资金，应根据具体实际情况，选用适当的计量包装机械。

种子包装作业包括装填和封口两大步骤，装填和封口作业可以人工完成，也可以机械完成，封口多采用缝合、热合、胶粘或石蜡等方式来完成。但在生产实践中，尤其是对于大型种子生产企业或基地来说，为提高质量和效率，一般使用专用的种子定量包装机进行操作完成，其工艺流程主要包括：种子从仓库输送到加料箱→启称重或计数→装袋（或容器）→封口（或缝口）→贴（或挂）标签等程序。其具体操作步骤和方法：①确定净含量：选择包装袋。根据包装种子、包装类别及市场需要，确定每包的净含量。②调试机器：根据已确定的净含量（即去除包装容器和其他材料后内容物的实际质量或个数），按种子定量包装机使用说明书要求，调试确定包装箱型号和包装速度。③运行（手动操作）：启动提升机向储料斗进料；启动称重系统，开始进料、称量；人工套袋，启动夹持机构，夹紧包装袋开始向袋内卸料，放袋；启动输送机、缝包机（封口机），为包装袋封口，即完成了一个称量周期。④改用自动操作，上述步骤则按顺序自动完成，直至全部定量包装完毕，然后关闭电源和机器。

另外，在生产实践中，根据种子利用方式的不同，要对种子进行不同类型的包装，有销售包装、运输包装和贮藏包装。所谓销售包装是指以销售为目的，与种子一起到达顾客手中的最小可售包装单元。而运输包装是指以运输贮存为主要目的的包装，它具有保障产品的安全，方便储运装卸、加速交接、方便点验等作用。当对种子进行入库贮藏时，一般用大中型包装即贮藏包装，以方便贮藏。对于不同种类作物种子来说，其包装规格类型也不同，一般农作物种子适用大包装，蔬菜、花卉等种子适用小包装，而对于饲草种子来说，当数量多时或草籽生产基地的草种包装时，一般适用大包装袋，而对于野外采集、少量珍贵的饲草种子，适合用小包装袋或玻璃容器贮存。

包装标识是防止假劣种子流通、提高种子质量的重要环节，便于市场管理和用户选购，无标识种子不得经营；同时也是经营单位形象的展示，具有广告效应。包装标识分外标识和内标识，外标识是指印刷在包装袋或容器外面，主要内容应有商标、饲草种类、品种、重量、净度、纯度、水分、发芽率、包装日期、生产经营单位等。而内标识是指将以标签置于包装袋和容器内，或挂在包装袋上，内容可与外标识相同亦可以有所不同，主要为了便于核对识别。

种子包装后，一般不直接使用，需入库贮藏一段时间，贮藏条件的好坏直接影响种子的品质。因此，种子库必须要具备通风干燥、防湿、防鼠虫等贮藏条件。为此，在实践中一般要求种子库建在朝阳、地下水位低或地势高的地方，土质必须坚实可靠。另外，种子库的构造要注意隔热、防潮、通风和密闭，同时为便于清理种子、防止混杂和杜绝害虫的滋生，仓壁四周须平整光滑，并设置防鼠、防鸟设备，库房地面要求光滑、坚实，具有防潮、保温性能，可采用沥青砂浆地面或平铺防潮砖地面。还有就是库房内要有布局合理的通风窗口及照明设备。在种子贮藏期间应加强管理，实行专人负责，定期检查，其任务是保持或降低种子含水量、种温、控制种子及种子堆内寄生虫及微生物的生命活动，防除鸟虫和鼠害。

第五章　主要饲草种子生产技术

第一节　豆科主要饲草种子生产技术

紫花苜蓿种子生产技术

紫花苜蓿（*Medicago sativa*）是多年生豆科植物，适应性广、生物固氮能力强、产量高、草质优良、营养价值高、适口性好、素有“饲草之王”之美称，彩图1和彩图2为苜蓿花序和种子。经过多年的研究和栽培种植，紫花苜蓿的种子生产已经形成了一定的区域分布，如甘肃河西、宁夏河套、内蒙古赤峰地区是苜蓿种子生产的主要区域。

一、种植地的选择

苜蓿适应性广，可以在各种地形、土壤中生长。但最适宜的条件是土质松软的沙质壤土，pH值为6.5～7.5，冬季温度－20℃左右，年降水量在300～800mm，不宜种植在低洼及易积水的地里。轻度盐碱地上可以种植，但当土壤中盐分超过0.3%时要采取压盐措施。为了便于机械化运输及操作管理，尽量选择交通便利、大面积连片具有排灌措施的地块。

苜蓿种子小，苗期生长慢，易受杂草的为害，播前一定要精细整地。整地时间最好在夏季，深翻、深耙一次，将杂草翻入深层。秋播前如杂草多，还要再深翻一次或旋耕一次，然后耙平，达到播种要求。

苜蓿有根瘤，能为根部提供氮素营养，一般地力条件下不提倡施氮肥。据有关研究表明，苜蓿施磷肥后增产效果比较明显，且一次施足底肥和以后分期施肥效果基本一样。由于苜蓿生长过程中茎叶带走大量的钾，有条件的地方可适当施些钾肥以维持高产，为了防止苗期杂草的发生，播前将48%的氟乐灵（1.5L/hm^2）喷入土中，结合整地旋入5cm土中，有效期可达3～5个月。

二、播种

1. 种子处理

播种前种子要经过精选，去掉杂质、草籽等，净度在90%以上，发芽率要达到85%以上。紫花苜蓿种子具有休眠性，硬实率较高，所以在播前应采用擦破种皮法或热水浸泡法进行处理。擦破种皮法就是将苜蓿种子掺入一定沙石在砖地上轻轻摩擦，以达到种皮粗糙而不碎为原则。热水浸泡法即将苜蓿种子在50～60℃水中浸泡30min，取出晾干后播种。另外，初次种植苜蓿的地块应采用根瘤菌剂拌种。一般每千克种子用根瘤菌剂5g，溶于水中与苜蓿种子拌湿混种，水量以浸湿种子为宜，拌匀后立即播种，在早晚播种为佳。用菌剂接种过的苜蓿固氮能力强，生长旺盛，产量大幅度提高。

2. 播种

苜蓿播种方法主要有条播和撒播两种。条播行距一般60cm，播种量要根据种子发芽率确定，一般控制每平方米保苗300～450株，播量7.5kg/hm^2。播种深度根据土壤质地和墒情而定，条播适当深一些，撒播则适当浅一些。一般播深在1.2～2.0cm，不要过深或过浅，否则，出苗弱，影响产量。最好用饲草专用播种机播种，没有专用播种机的也可借助小麦播种机进行适当调整进行播种，简便易行。撒播全田覆盖较完全，可利用苜蓿的遮蔽作用，抑制杂草的生长，但要注意苗期防草，否则将难以进行中耕除草和管理。播种前进行灌溉增加底墒，分枝期和初花期分别灌水1次。播后视墒情及时喷灌，防止干旱。

三、田间管理

1. 施肥

有些研究显示施氮肥可提高苜蓿产量，有些研究显示施氮肥反而会降低苜蓿产量，但大部分的研究表明，施用氮肥无论是对苜蓿的产量还是品质都没有显著影响。这个问题涉及根瘤菌的固氮作用。一般认为，正常接种根瘤菌的苜蓿可从空气中固定大量的氮素，单播苜蓿地很少需要施用氮肥。磷在调控苜蓿生殖生长，促进结实方面起着至关重要的作用。缺磷时植物结实少，子粒空瘪率增加，种子产量下降。一般认为，在含磷量低的土壤中施磷可以提高苜蓿的种子产量。钾肥可以提高苜蓿的根瘤化和固氮率。据报道，当每年给苜蓿施入 673kg/hm^2 的 K_2SO_4 时，苜蓿的根瘤数目和根瘤重都较对照有明显的提高。

2. 杂草防除

清除杂草是苜蓿田间管理的一项主要内容，一是在幼苗期，另一则是在夏季收割后，由于这两个时期苜蓿生长势较弱，受杂草为害较为严重。特别是夏季收割后，水热同步杂草生长快，不论采取什么方法，一定要做到及时规范。选择除草剂要慎重，以免造成牲畜中毒。

四、种子收获

1. 收获时间

苜蓿种子一般应在 70% ~80% 荚果变成褐色时及时采收。面积较大的连片生产田由于土壤条件和管理措施存在差异，可能导致不同片区种子成熟期不一致。此时，应先收获成熟较早的片区，减少成熟种子的落粒损失。

收获时间还要考虑收获方式的差异。当使用作业效率较高的联合收割机收获时，可在最佳收获时期采收；而使用小型割草机或人工采收时，作业效率较低，应适当提前收获时间。收获时间还需要兼顾气象条件。降雨会降低种子质量，增加采收作业难度，应尽可能避免雨季收种。可根据天气预报适当提前或推后收获时间。

2. 收获方法

采收苜蓿种子一般可用联合收割机、割草机或人工采收。使用联合收割机收获时，可在收割前 3 ~5d 对植株喷洒干燥剂进行干燥处理。干燥剂为接触性除锈剂，如敌草快、敌草隆、利谷隆等。采收应在无露无雾、晴朗干燥的时候进行，这样种子易于脱粒，减少收获损失。目前，国内的联合收割机大多数不是专业的饲草种子收获机械，因此，收获苜蓿种子时应对相关参数进行适当调整，降低采收过程中的损失。在种植面积较小的地段可以进行人工采收种子，人工采收可以随熟随采，这样可以大大降低由于落粒造成的损失。

3. 种子干燥

刚收获的种子必须立即进行干燥。应充分利用较好的天气条件进行暴晒或摊晾，晾晒场地以水泥晒场为好。晾晒的种子应摊成波浪式，厚度不超过5cm，并适时翻动。如收获后天气潮湿，应使用专用的干燥设备进行人工干燥，如火力滚动的烘干机、烘干塔、蒸汽干燥机等。烘干温度保持在30～40℃。

4. 收获后的种子田管理

种子收获后，应及时清除田间的秸秆。对于植株密度过大（大于25株/m^2）的种子田，应进行行内疏枝。行距60cm时，每隔30cm耕除行内30cm长度范围内的植株。根据种子田的土壤养分状况，适量施入磷肥、钾肥等肥料。入冬前要灌足冬水，这样可以为翌年的种子丰产奠定基础。

红豆草种子生产技术

红豆草（*Onobrychis viciaefolia*）是豆科多年生草本植物。茎自根颈分生甚多，直立粗壮，高80～120cm，茎圆柱形，中空，绿色或紫红色，花冠粉红色或红色，鲜艳，被称为“饲草皇后”（彩图3和彩图4红豆草植株和种子）。红豆草根系发达，主根入土深达1.5m以上。因抗旱能力超过苜蓿，而成为干旱地区很有发展前途的重要豆科饲草。

红豆草富含主要的营养物质，粗蛋白质含量较高，为13.58%～24.75%，矿物质元素含量丰富，且含有畜禽所必要的多种氨基酸，各类家畜和家禽均喜食。收籽后的秸秆也是马、牛、羊的良好粗饲料。反刍家畜采食红豆草时，不论数量多少，都不会引起膨胀病。红豆草在调制成干草过程中的最大优点是比三叶草和紫花苜蓿叶片损失少。因其返青要比三叶草和紫花苜蓿早，故是提供早期饲料的饲草之一，在早春缺乏青饲料的地区栽培尤为重要。由于红豆草开花早，花期长达2～3个月，对养蜂甚为有利，是优良的蜜源植物。其多根瘤，固氮能力强，对改善土壤理化性质，增加土壤养分，促进土壤团粒结构的形成，都具有重要的意义。

一、播种

1. 选地

红豆草在年降水350～500mm，年均温2～8℃，从返青到开花要求≥10℃的有效积温200℃以上的温凉半干燥地区就能生长。用作生产红豆草种子的地块，应选在地面平坦开阔（坡度<10°）、通风良好、光照充足、土层深厚、排水良好、杂草较少、便于隔离、交通方便的地段。同时地块最好邻近防护林带、灌木丛或水库近旁，以利昆虫授粉。红豆草具有良好的适应性，对土壤要求不严，轻度盐碱地、干旱瘠薄地均可种植，播种前应耕翻和耙耱，平整土地，消灭杂草，并注意保墒。根据土壤肥力，按 10～15t/hm² 施入有机肥。

2. 播前准备

红豆草的种子硬实率高达20%～30%，为使红豆草种子迅速吸水发芽和破除硬实，播种前可用氨水 1∶50 浸种 60min，然后用清水洗净，再用 30℃的温水浸种 24h，也可用 110℃ 高温处理 4min 来降低红豆草种子的硬实率。

3. 播种方法

红豆草一般都带荚收获，将带荚的种子均匀播种即可。一般采取条播或撒播，以条播为好，条播行距 30～45cm，种子田播种量 30～45kg/hm²。播深 3～5cm，不能小于 3cm，播种后应立即进行镇压，使种子与土壤紧密结合，以利保苗。

4. 播种时间

红豆草在春、夏、秋三季皆可播种，春播一般在每年的 4 月中下旬至 5 月上旬播种，当年可开花结果，但产量较低；秋播应在 9 月底之前，以利幼苗越冬。红豆草种子在适宜的条件下，播种后 3～4d 即可发芽，6d 出土。子叶出土后 5～10d 长出第一片真叶。第二年一般在 3 月中旬返青，较紫花苜蓿约早一周，比三叶草约早两周。在甘肃黄羊镇 4 月初播种，7 月上旬开花，8 月中旬种子成熟。在内蒙古呼和浩特市的自然条件下，4 月末播种，当年亦能开花、结实，但种子不甚饱满。第二年 4 月中旬返青，5 月下旬现蕾，6 月上旬开花，7 月上旬种子成熟。由返青至成熟约 90d，是豆科饲草中的早熟种。南京地区秋季播种，第二年 4 月初开始迅速生长，4 月中旬现蕾，5 月初开花，6 月上、中旬种子成熟。在贵阳市 9 月中旬播种，来年 4 月中旬开花，5 月底种子成熟。

二、田间管理

1. 杂草防除

红豆草在苗期生长缓慢，易受杂草为害，应及时除草。播前或播后到出苗前可用克无踪等除草剂处理土壤，成苗后杂草不是很多，但要注意菟丝子的为害。

2. 病虫害防治

红豆草易感锈病、白粉病、菌核病等病害和易受蒙古灰象甲、青叶跳蝉等虫为害，可用敌杀死等药物喷洒。

3. 施肥

红豆草种子生产过程中，在施足底肥的基础上，一般不施氮、磷、钾肥，主要在开花前喷施一定量的微肥，主要是钙、硼、钼等。

4. 灌溉与排水

红豆草虽然抗旱，但对水分反应比较敏感，灌溉不仅能提高其产草量，而且会提高种子产量，浇灌越冬水可以提高其越冬率。但红豆草播后出苗前，不宜灌水，否则容易造成表土板结。

5. 人工辅助授粉

种子田在开花初期，在缺少授粉昆虫时，需要进行人工辅助授粉。一般用拉绳法，或在种子田每隔 500m，配置 1 ~ 4 箱蜜蜂，增加蜜蜂传粉，提高种子产量。

三、收获

红豆草春播时，播种当年即可开花结实，但是第一年种子产量仅 75 ~ 187.5kg/hm^2，第二年到第五年种子产量最高，种子可达 900 ~ 1 100kg/hm^2。红豆草生长到 5 年以后，由于自疏作用，随着杂草入侵，产量逐渐下降。红豆草花期长，种子成熟很不一致，成熟荚果落粒性强，边熟边落粒，故采种时不宜过迟。收种时，小面积可分期采收，大面积的种子田应该在 50% ~ 60% 的荚果变为黄褐色时采收，采收时种子田可使用一定的干燥剂或脱水剂处理，如喷施一定量的 $CaCl_2$，使叶片脱落后用联合收割机收获。为了避免裂荚和落荚损失，种子收获应尽量安排在傍晚或清晨凉爽时收割，避开中午最热的一段时间，收割工作要在短期内完成。

沙打旺种子生产技术

沙打旺（*Astragalus adsurgens*）是豆科黄芪属，温带旱生、中旱生多年生草本植物。根系发达，枝叶繁茂，耐寒、耐旱、耐瘠薄，抗逆性强，适应性广。沙打旺建植快而容易，枝叶繁茂，覆盖度大，在水土流失的荒坡、沟沿或林间种植，有蓄水、固土、减缓径流的作用，可作为改良沙荒的先锋植物；同时由于其根瘤多，固氮能力强，是优质的绿肥植物。沙打旺经济价值很高，营养成分丰富而齐全，粗蛋白含量高达11%～15%，具有良好的饲用价值。可青饲、放牧饲喂牛羊，也可打浆喂猪，或可调制成干草及加工草粉。但沙打旺的生育期长，在170d以上，在北方无霜期短的地区，一般不结实或种子产量很低。为了提高沙打旺草籽产量，必须从播种到收获的每一个环节精心管理。

一、播种

1. 整地

沙打旺种子很小（彩图5），破土出苗力弱，在播前需深耕细耙，整平土壤对控制播深和出苗非常重要。结合耕翻施用有机肥和磷肥，可提高种子产量。

2. 播种

种子中的秕种和杂质含量较高，播前需进行机械选种。由于种子中有一部分硬实，播前要擦糙种皮使其能吸水发芽。播种时间可以春播、夏或初冬播。在春季干旱严重地区可以在早春顶凌播种；凡因春旱未能播种者可在夏初下透雨后播种；也可在晚秋或初冬在整好的地上寄子播种，利用第二年春天解冻时土壤墒情，地面潮湿使种子发芽或落春雨后出苗。冬播不宜过早，以免温度高种子萌发后冻死。

播种方式有条播、撒播或点播，可根据地形适当采用。平地以条播为好，沙滩地上多用撒播，坡地则以挖穴踩种为好，播后要镇压。条播行距30～40cm，穴播行距和株距各为30～35cm为宜。播种深度以1～1.5cm为宜，最深不得超过3cm。播种量生产田为3.75～7.5kg/hm^2，种子田1.5～2.25 kg/hm^2。播种对出苗和保苗至关重要，无论何时播种，关键在于土壤含水量不能低于11%，最好为15%～20%。

二、田间管理

1. 施肥和灌溉

沙打旺尽管种子吸水力强，萌发快，出苗仅需3～4d，但生长仍较缓慢，容易受杂草为害，故苗期要及时中耕除草。沙打旺不耐涝，在低洼地应注意雨季排水。水肥对沙打旺高产很重要，有条件地方在返青期和每次刈割利用后应及时施肥灌水。第二年春季萌生前用齿耙除掉残茬，返青后和每次收割后都需及时除草以利再生。在沙打旺生长旺盛期追施速效肥料对增产有利。

2. 杂草防治

（1）物理栽培防除方法：①深耕：播种或营养繁殖之前，除了必须用除草剂杀除杂草外，还可结合一些物理机械方法，如在播种前进行深耕是防除多年生杂草的有效措施之一。②耙地：耙地可杀除已萌发的杂草。早春耙地可提高地温，诱发杂草种子发芽，而后除掉杂草，用除草机除草效果比圆盘耙好。③适时刈割：对杂草来说，尤其是一年生杂草，尽量防止其种子产生是非常必要的。目前常采用的方法是在夏末大多数杂草结籽并未成熟前进行防除，可有效地防除一年生杂草和以种子繁殖的多年生杂草。④精选种子：收获的种子必须用清选机进行精选，使种子的纯净度达到标准，有效去除杂草种子后再用于播种。

（2）化学防除方法：是应用除草剂除灭杂草。在使用除草剂时，要根据其理化特性、作用机制以及用药条件，确定最佳的施用方法。土壤处理主要靠幼芽吸收的除草剂以及绞杀性除草剂，如氟乐灵、杀草丹等，应尽量提早施用，可在沙打旺播种前 2 ~ 3d 甚至 5 ~ 7d 施用，以防杂草幼芽期错过而降低效果。茎叶处理是用易被茎、叶吸收的除草剂，如普施特、苯达松等，通常进行茎、叶喷施。在播种前和杂草萌发后，用 10% 的草甘膦水剂加水制成药液，喷于杂草茎叶，可杀死各种杂草。播种后苗期杂草防除，用 48% 苯达松水剂 1.5 ~ 3.0L/hm^2，灭除以阔叶为主的多种杂草。或用拿捕净乳油 1.5 ~ 1.95L/hm^2，5% 精稳杀得 0.75 ~ 0.9L/hm^2，用 5% 普施特 1.5L/hm^2，对水 0.3 ~ 0.45kg/hm^2 均匀喷施，对杂草防治效果都很好。也可根据药的说明加水酿成药液，均匀喷于杂草的茎叶上。

3. 病虫害的防治

沙打旺易患病虫害，如黄萎病、茎炭疽病、叶炭疽病、黑斑病、白粉病及黑潜蝇和沙打旺实蜂。生产上常采用及早刈割的方法来消除病虫害，或用相应的灭菌剂和杀虫剂进行灭除。

三、收获

沙打旺属于中寿命饲草，生活寿命为 5 ~ 6 年，种子收获的利用年限为

2～4年，以后种子产量明显下降。沙打旺花期长，种子成熟期不一致，且种子成熟时易裂荚落粒，故应注意适时采种，该饲草品种的最佳收获时间是完熟期，这时期品种的质量和产量均高。为了减少荚果自己开裂而造成的损失，当下部荚果呈棕褐色时就可收获，在3～5d收割完。一般种子产量200～600kg/hm^2。

生产符合国家质量标准的一级种子是种子生产的目的。要提高沙打旺种子的产量和质量要从以下方面着手：一是播种一级种子，二是做好去杂去劣工作，三是适时收获，四是干燥要符合脱粒和贮藏要求。

百脉根种子生产技术

百脉根（*Lotus corniculatus*）豆科百脉根属多年生草本植物。百脉根的根系强大，不但有浅层粗根和密集的须根，能把地表土壤紧紧网住，接纳水分；同时有深层根系可吸收底层水分和养分，抵御干旱。百脉根分枝多，茎长1m多，光滑无毛，茎断后可长出新株；茎细叶多，营养丰富。百脉根是高产、优质、抗逆性强的多年生豆科饲草，其分布广，适应性强，质量好，在国外已逐渐替代红三叶和白三叶。百脉根种子小，每荚有种子10～15粒，千粒重1.0～1.2g。因种子小、出苗能力弱、幼苗喜潮湿而易受杂草侵害，成熟不一致，落粒性强，在栽培上与其他豆科饲草有许多不同特点（彩图6和彩图7为百脉根荚果和种子）。

一、整地

百脉根可耐轻度盐碱和微酸性土壤，质地砾、沙壤、粉壤、黏壤土均可生长，以沙壤土最佳。百脉根种子田应选择土壤肥力中等以上，土层在40cm以上的田地。新垦荒地或前茬地作种子田，要进行伏耕或秋耕深25cm以上，晒垡、消灭杂草，并进行冬灌，蓄水保墒。播种前耙耱平整土地，做到土壤细碎、地面平整、墒情良好。秋耕或春耕时，有条件可施有机肥30t/hm^2，或施过磷酸钙150kg/hm^2。

二、播种

播种时要使用符合国家种子分级标准的一级种子。春、夏、秋播和冬季寄子均可播种。春播在大田作物播种前，气温在10℃时可播种，夏播在7月中旬前。采用条播，播种行距为45～55cm，播种时宜浅不宜深，一般应控制在1.5cm左右为宜，沙性土可稍深，黏性土要浅。播种量为4.25～6.75 kg/hm^2。播种时，可将普通谷物播种机的主动轮和被动轮调换，可减慢下种的速度，出种口接近地面，使种子播撒于地表成行，轻微覆土，镇压即可。

三、田间管理

1. 保苗

百脉根播种宜浅不宜深，播种后轻灌一次水，能有效出苗与保苗。

2. 施肥

百脉根固氮能力强，苗期施少量氮肥对生长发育有利，结合灌水施尿素30kg/hm^2，播前施过磷酸钙后，3年内可不施肥。孕蕾到开花期喷施硼酸等微量元素以及叶面喷施面宝、增产灵等，能明显提高种子产量。

3. 灌水

在百脉根返青、孕蕾、开花、结实期要各灌1次水，使收种时湿度大、露水多，减少种子炸裂的损失。种子收获后和二茬草收割后各灌1次水。11月上旬要进行冬灌，有利于百脉根越冬与来年丰产。

4. 除莠

播种前用灭生性除草剂全面、彻底喷杀杂草。出苗期杂草多时，用消灭禾本科饲草的除草剂喷杀，双子叶杂草人工去除。除草要及时、彻底。要去除混杂的病、劣、异株，保证品种纯度，在孕蕾到开花期去杂保纯效果更好。

四、收获

1. 收种时间与方法

种子田在70%左右的荚果呈黄褐色时就开始炸裂，为减少落粒损失，此时收种较为适宜。小面积用人工刈割收种，大面积用简单机械配合人工收获。一般在清晨露水多时用往复式割草机把植株割倒，留茬高度10～15cm，随即用搂草机搂堆、装车运到水泥晒场晾晒。

2. 晾晒与清选

摊开在晒场上的百脉根，翻动2～3次/d，经2～3d晾晒后，百脉根黄褐色的荚果会自行爆裂，种子脱落在晒场上，人工轻微抖动秸秆，并拉运出晒场。将剩余的种子摊开在场上，暴晒1~2d，通过扬场、过筛除杂过程清选出纯净种子。

3. 包装贮存

种子经清选干燥后装袋入库。库房应注意通风、防鼠、防虫，确保安全。

4. 延长种子田的使用年限

百脉根抗逆性强，种子田使用年限要高于其他多年生豆科饲草。切割、松耙与施肥是延长种子田使用年限的关键措施。当种子田收种两年后就要进行切割松耙。早春，在百脉根返青前，用圆盘耙切割，以不翻土为度，起到疏苗和疏松土层的作用。在切割松耙同时，施尿素30kg/hm^2、过磷酸钙150kg/hm^2，则可维持和延长种子田的使用年限。

二色胡枝子种子生产技术

二色胡枝子（*Lespedeza bicolor*）为多年生落叶灌木型植物，根系发达，侧根密集在表土层。茎直立，高0.5~3.0m，分枝繁密，下部木质化，老枝灰褐色。二色胡枝子为中生性灌木，耐旱，耐阴，耐瘠薄，对土壤适应性很广，尤其耐寒性极强，可在冬季无雪覆盖、最低气温达-28~-30℃的地方越冬。二色胡枝子是高产型树叶饲料资源，分枝多，叶量丰富。叶子具有浓郁的香味，适口性好，营养价值高，是牛、马、羊、猪、兔、鹿、鱼的好饲料。其粗蛋白含量13.8%，粗纤维含量35.2%，且产叶量高，一次种植可利用多年。二色胡枝子具有根瘤菌，能固定土壤中的游离氮、改良土壤，提高土壤肥力；同时其开花时间长，是很好的蜜源植物（彩图8和彩图9为二色胡枝子的植株和荚果）。

一、播种

二色胡枝子带荚，播前先去除荚壳，然后擦破种皮破除硬实，以提高发芽率。春、秋播种均可，春季用处理过的种子，秋季种子不用处理即可。种子处理可用50~60℃温水浸泡24h，取出膨胀种粒，对未膨胀种子，如此反复浸种，然后放在25~30℃的地方催芽。也可用30℃温水浸种24h，捞出混2倍湿沙贮藏50~60d。二色胡枝子已在东北和华北进行人工栽培，播期多选择在土壤水分充足的早春或雨季。条播行距70~100cm，每公顷播量7.5kg，撒播可增至22.5kg，播深2~3cm，播种后覆土0.15~1cm。

二色胡枝子也可采用插条育苗，采2~3年生、粗1cm左右主干，截成15~20cm插穗，秋季随采随截随插，行距30cm，株距20cm，插后及时灌水。春插时将截好的插穗按50~100株打捆，沙埋贮藏，翌春3~4月取出，用清水浸泡基部2d后扦插。造林时可采用育苗、直播、分根3种方法进行造林。

二、田间管理和收获

二色胡枝子播种当年生长慢，苗期生长更慢，出苗后要及时除草松土，到覆盖地面时完成中耕除草作业。结合中耕除草进行间苗、定苗，选长势一致的健壮苗留下，播种沟留苗25~30株/m，并培土于根际。苗木生长期灌水3~5次，施肥1~2次。播种造林每穴留2~3株，缺苗补植，栽2年后进行平茬，每年产条400kg以上，每年或隔年平茬1次。

一般株高40~50cm时即可刈割利用，再生性较强，一年可刈割2~3次。用育苗移栽时，用一年生苗移栽，方法是先刈割去上部茎秆，然后移栽带根的下部茎，埋深应比原覆土深度深3~5cm。3年后即可采种，采种可在荚果变黄时收获。采种后进行割条。

小冠花种子生产

小冠花（*Coronilla varia*）为豆科多年生草本植物，分枝多，匍匐生长，匍匐茎长达1m以上，自然株丛高25~50cm。根系粗壮，侧根发达，根上具不定芽、有根瘤。茎叶稠密，质地柔软，是优良的水土保持植物，同时也是观赏植物和良好的蜜源植物。因花序似冠，并且花色多变（即由粉红变为后期的紫红），故得别名“多变小冠花”。荚果细长如指状，3~12节共长2~3cm，节易断，每节含1粒种子，由于小冠花种子的硬实率高，因此播种后不仅出苗率低而且参差不齐（彩图10和彩图11为小冠花植株和种子）。

一、播种

1. 整地

小冠花种子小，播种浅，苗期生长缓慢，因此播种前应精细整地。要求良好耕翻，平整土地，清除杂草，以利于出苗。在秋季耕地时，可施有机肥

22.5～52.5t/hm^2 作底肥，如果土地瘠薄，播种时可施入适量的氮肥和磷肥，促进幼苗生长发育。

2. 播前处理

小冠花种子硬实率高，一般为40%～60%，高的可达80%以上，影响出苗的整齐度，播种前应进行种子的硬实处理。少量种子可用15%的硫酸浸种20～30min后播种，或用70～80℃的温水浸泡，自然冷却，浸种12～15h后播种。也可以用摩擦种皮的方法破除硬实，把种子和沙子掺在一起，在水泥地上摩擦，直至种皮发毛为止，然后去掉沙子，大量种子一般用碾米机碾破种皮后播种。

3. 播种

小冠花的播种期，无严格要求，春播、夏播或早秋播都可以。在北方大部分地区以春播和夏播为好，秋播时宜在霜前2个月内播种结束，太晚，不利于幼苗越冬，还可在土壤结冻时进行寄子播种。播种量为7.25～7.5kg/hm^2，条播或点播均可。条播行距30cm，播深1～2cm，10d左右出苗。用薄膜覆盖进行苗圃育苗移栽，效果更好。

小冠花虽有硬实率高、苗期生长缓慢的缺点，但可以用根蘖繁殖，茎扦插容易成活。方法是将根挖出，茎割下，分成小段，每段有3～5个不定芽，在灌足底墒水的情况下，将根埋入土中，覆土4～6cm，把茎斜插，顶端露出，如能保持土壤湿润，成活率可达80%～90%，在雨季繁殖更容易成活。另外，还可以小面积密播育苗移栽，当4～5片叶时，将幼苗移植大田，移栽时易带根土。雨季移栽成活率高，生长也快。扦插根蘖或成活苗移栽时，每1～1.5m^2 移栽1株。

二、田间管理

小冠花苗期生长缓慢，易受杂草为害，要勤中耕除草，移栽后还要及时灌水1～2次，中耕松土2～3次。但当植株封垄后，由于它抑制杂草能力很强，田间管理工作可粗放些。种子生产田，除播种前施足底肥外，在生长期还应追施氮肥75kg/hm^2，促进生长。为了提高种子产量和品质，还可在现蕾至初花期，用0.6%浓度的磷酸液1 500kg/hm^2，喷洒植株茎叶。生长第二年以后，如果植株过密，可隔行或隔株挖去部分植株，以改善通风和透光条件，促进开花、结实。小冠花不耐酸性土壤，不耐湿涝，如受水淹，根部易腐烂死亡。

三、种子收获

小冠花是无限花序，花期两个月，有的长达100多天，由于种子成熟不一致，为减少浪费，最好采种分期进行，边熟边收获种子，收后立即晒干，以利于贮藏，提高发芽率。如果一次刈割，应在植株60%～70%荚果变成黄褐色时进行，连同茎叶一起收割，运至场上，晒干打碾、脱荚、最后将荚果放到石碾上脱皮、晒干、清选后贮藏。

草木樨种子生产

草木樨（*Melilotus officinalis*）为豆科草木樨属的一年生或二年生草本植物。根系发达，耐瘠薄，抗逆性强，生长快，覆盖度大，容易繁殖，防止水土流失效果极好，还可作为蜜源植物，植株幼嫩时作饲草和绿肥，秸秆可作燃料。此外全草入药，有清热解毒、健胃化湿等功效。在富含石灰质中性或微碱性土壤中能良好生长，适宜pH值为7～9。耐盐碱、抗旱和耐寒能力很强，其耐盐碱性强于其他豆科饲草甚至超过禾本科饲草。白花草木樨是牛、羊、猪等家畜的优良饲草，可以放饲、青刈、调制成干草或青贮后饲喂。只是开花后，植株渐变粗老，且含有0.5%～1.5%的“香豆素”，带苦味，适口性降低，但经过加工，调制成干草或青贮后，可使香豆素气味减少。

一、播种

1. 选地和整地

繁殖草木樨种子用地要求在中等肥力地块上，以免种子退化。草木樨种子细小，不易出苗，播前要深翻细耙、整地精细，并注意保墒。茬地复种时可除茬耙地播种。施磷钾肥对提高产量和含氮量有显著效果。

2. 种子处理

草木樨种子为带黑色荚皮的荚果（彩图12），而且种子硬实率高。为了提高发芽率，提早出苗，一次保全苗，就要用碾子磨去荚皮并使种皮发毛，最好用立式打米机脱去荚皮至全为黄色小种粒为止（试验证明：机磨三遍的种子发芽率达90%以上）。然后用浓度为6%左右的盐水选种，这样既可清除菌核病又可淘汰劣籽，选种后立即洗去盐水。此外还可用风选、筛选。选种后播种前要在阳光下晒种 1.5～2d，可以增强种子吸水力，提高酶的活性，使发芽较快，较整齐。

3. 播种

草木樨播期较长，早春、夏季、初冬均可播种，适时抢墒播种，确保全苗。一般早春顶凌播种，在地温稳定在 5～7℃时，即 4 月上、中旬播种最佳，若为第二年采种用，可在小麦播完后播种。多风沙地区更适合夏播。条播行距 30～50cm，播种量 11.25～15kg/hm^2。为了播种均匀，可用 4～5 倍于种子的沙土与种子拌匀后机械播种。

二、田间管理

草木樨苗期生长缓慢，易受虫害和杂草威胁，应及时防除，当出现第一片真叶时就要中耕除草。在苗高 5～6cm 和 10～15cm 时进行第二次、第三次中耕除草，同时拔去苗之间的杂草。在此期间切记不能灌水，以免受淹或造成土壤板结。寒冷地区应注意临冬前的管理，如上冻前培土、越冬前灌冻水等。

三、收获

草木樨的花序为无限花序，花由下向上陆续开放，结实成熟不一致，且易落粒，通常当下部荚果 65%～70% 由深黄色变成暗绿色时即可收种。并在早晨有露水时采收，以防荚果掉落。采收后捆成小把，收后立即拉回场院码成人字形小垛晒干后脱粒，贮藏。

柠条种子生产

柠条（*Caragana intermedia*）属豆科锦鸡儿属落叶大灌木饲用植物，又叫毛条、白柠条。根系极为发达，主根入土深，株高为 40～70cm，最高可达 2m 左右。适宜生长于海拔 900～1 300m 的阳坡、半阳坡。耐旱、耐寒、耐高温，是干旱草原、荒漠草原地带的旱生灌丛。目前，柠条是中国西北、华北、东北西部水土保持和固沙造林的重要树种之一，属于优良固沙和绿化荒山植物。柠条是良好的饲用植物，它枝叶繁茂，枝梢和叶片可作饲草，种子经加工后可作精饲料（彩图 13）。根、花、种子均可入药，为滋阴养血、通经、镇静等剂。

柠条寿命长，一般可生长几十年，有的可达百年以上。柠条的生命力很强，在 -32℃的低温下也能安全越冬；又不怕热，地温达到 55℃时也能正常生长。柠条的萌发力也很强，平茬后每个株丛又能生出 60～100 个枝条，形成茂密的株丛。平茬当年可长到 1m 以上。

一、播种

1. 选地和整地

种植柠条应选择年≥10℃的积温 3 000℃以上地区，固定、半固定沙地或覆沙地进行种植。为了给柠条的种子创造良好的发芽条件，除严重的风蚀地段外，一般播前均应进行耕翻整地。

2. 播种

播种用的柠条种子要求千粒重在 55g 左右，纯净度不低于 90%，发芽率不低于 80%。为了满足上述要求，促进其迅速发芽，减少鼠害，播前可用 30℃水浸种 12～24h，捞出后用 10% 的磷化锌拌种。但要很好地掌握墒情，防止烧芽。若从外地调入种子时，要进行严格的检疫，以免将病虫害带入。防除病虫害的方法是播种前用 60～70℃的水泡种子 5min，杀死幼虫，打捞漂浮种子焚毁。播种只要墒情好，春、夏、秋均可播种，但以雨季最好，一般应在 6～7 月雨季抢墒播种，此时温度高，土壤水分充足，种子顶土快，有利于出苗。在黏重土壤上，雨后抢墒播种，不致因土壤板结而曲芽，影响出苗。沙质土壤雨前较雨后播种好，易全苗。播种条播行距为 1.5～2m，播种量为 3.75～7.5kg/hm^2；播种覆土深度以 3cm 左右为宜，播种后应及时镇压以利抓苗，并可防止风蚀。此外，为防止播种后鼠、兔等掘食种子，播前应在播区内进行消灭鼠、兔工作。柠条幼苗阶段生长缓慢，因此，播后最少应围封 3 年，严禁放饲，以利幼苗生长。

二、栽培管理

1. 虫害的防治

柠条最严重的虫害是种实害虫，如柠条豆象，柠条小蜂，柠条荚螟，柠条象鼻虫等。可采用以下方法防治：①无虫纯净的种子千粒重为 35～37g，而有豆象的种子千粒重仅23～26g。因此，播种前可用风扇、簸箕选种，再用1%的食盐水浸选，捞出漂浮的种子，集中焚毁。但对下沉的种子要用清水洗净，以免影响发芽。②开花时喷洒50%百治屠1 000倍液，毒杀成虫。5月下旬喷洒80%磷铵1 000倍液，或50%杀螟松500倍液，毒杀幼虫，并兼治种子小蜂、荚螟等害虫。③营造混交林，适时平茬复壮。④作好种子调运时的检疫工作，杜绝害虫传播蔓延。

2. 平茬复壮

柠条的寿命较长，可以一年种植多年利用。当其生长8～10年后，植株表现衰老，生长缓慢，有枯枝现象或病虫害严重时，应及时进行平茬，以延长其寿命，恢复生机，重新繁茂地生长。平茬的方法是，用柠条平茬机，一般在冬末春初土地结冻期进行，这一时期柠条完全停止生长，大量营养物质积累于根部，根系处在冻土层，无论用机械怎样用力平茬，都不会因摇动而造成伤害。

三、采种

柠条种子成熟不一致，因种类、地区、地形以至同一株上不同的方向等成熟有先后之分，而且果实成熟到裂果时间很短，单株2～4d，因此要随熟随采。成熟的种子是荚果果皮变硬稍干，种子无浆并能分成豆瓣，呈现出种子成熟时所固有的色泽，枝上部果荚里有二三粒种子呈米黄色即可采种。采收以手摘荚果的方式进行。采收荚果后应及时干燥、脱粒，除去荚壳和夹杂物，即得纯净种子。种子应放置在通风干燥处贮藏。优良的种子黄绿色或米黄色，有光泽，纯度可达94%左右，存放3年种皮变暗灰色，开始离皮，发芽率下降至30%左右，4年后则失去发芽能力。

白三叶种子生产

白三叶（*Trifolium repens*）是多年生饲草（彩图14），茎匍匐生长，长30～60cm，主根短，侧根发达。白三叶适应性广，在pH值为5.5～7.0的土壤中都能生长。耐寒，耐热，耐霜，耐旱，耐践踏，不耐阴，不适宜在盐碱土中生长。白三叶茎叶细软，叶量丰富，粗蛋白含量高，粗纤维含量低，既可放养牲畜，又可饲喂草食性鱼类，是优质豆科饲草；同时因其植株低矮，适应性强，是城市绿化建植草坪的优良植物。

一、播种

1. 选地和整地

白三叶抗逆性强，适应性广，对土壤要求不严，只要在降水充足，气候湿润，排水良好，不是强盐碱的各种土壤中都能正常生长；甚至在园林下也能种植。白三叶种子细小，幼苗纤细出土力弱，苗期生长极其缓慢，为保全苗，整地务必精细。不论春播或秋播，都要提前整地，先浅翻灭茬，清除杂物，蓄水保墒，隔10～15d，再进行深翻耙地，整平地面，使土块细碎，播层土壤疏松，以待播种。

结合深耕施足底肥，有机肥料施入量22.5～30t/hm^2，混入过磷酸钙225～300kg/hm^2，在湿润环境下堆积发酵腐熟20～30d，然后施用。播种前再浅耕土壤，施入75～120kg/hm^2硝酸铵等，促进幼苗生长，充分发挥生产潜力。

2. 播种

种子田要播种国家或省级饲草种子质量标准规定的一级种子。白三叶种子硬实率较高，播种前要用机械方法擦伤种皮，或用浓硫酸浸泡腐蚀种皮等方法，进行种子处理后再播。硫酸浸泡方法是：浸泡20～30min，捞出用清水冲洗干净，晾干播种。种子田播种量3～3.75kg/hm^2，湿润地区播种量要小，干旱地区播种量要大；条播行距为40～50cm。播种深度1～2cm，播种过深不易出苗，要根据土壤质地和干湿情况适度掌握。播种期在春、夏、秋三季均可，但较高寒地区，以春、夏两季播种为好，如秋播，则应早播，可使幼苗有一个月以上的生长时间，以利越冬。

二、田间管理

播种后出苗前，若遇土壤板结时，要及时耙耱，破除板结层，以利出苗。白三叶苗期生长慢，为防杂草为害，要中耕松土除草1～2次；发现害虫为害，要及时防治。生长2年以上的草地，土层紧实，透气性差，在春、秋两季返青前和放牧刈割后的再生前，要进行耙地松土，并结合松土追肥，施过磷酸钙300～375kg/hm^2，或施磷酸二铵75～120kg/hm^2，以利新芽新根生长发育。白三叶对土壤水分要求较高，有灌溉条件的，在土壤干旱时，可结合追肥进行灌溉。白三叶病害少，但收刈不及时的话，有时也会有褐斑病、白粉病发生，可先刈割利用，再用波尔多液、石硫合剂或多菌灵等防治。

三、收获利用

白三叶花期长达2月之久，种子成熟很不一致，应分期多次采种，或在60%～70%的花序变为深褐色时一次收割。种子脱粒比较困难，要充分晒干，进行碾压或专用脱粒器械脱粒；种子清选后，贮存在通风干燥处，并注意防潮防鼠。

毛苕子种子生产

毛苕子（*Vicia villosa*）是豆科野豌豆属一年生或多年生草本植物。根系发达，主根明显，入土深1～2m；侧根分枝多，密集分布在20～30cm深土层中；根瘤多，单株根瘤数50～100个。茎四棱中空，匍匐蔓生。毛苕子的耐寒能力很强，植株生长期能忍耐－30℃的短期低温。毛苕子青草产量高，草质柔软细嫩，叶多茎少，蛋白质、矿物质含量高，纤维素含量低，适口性好，是各类家畜，特别是猪、奶牛和鸡的夏秋季高蛋白、多汁青绿饲料和冬春季的优质青干草或草粉来源之一；同时种子的蛋白质含量也很高，是家畜较好的精料。毛苕子根系和根瘤能给土壤遗留大量的有机质和氮素肥料，是很好的绿肥植物；同时毛苕子花期长达45d，是很好的蜜源植物；毛苕子根群发达，枝叶茂密，叶深绿，花蓝紫而艳丽，在庭院隙地与其他绿化植物配置种植，可绿化美化环境和保持水土（彩图15为毛苕子荚果和种子）。

一、播种

1. 整地

毛苕子根系入土较深，为使根系发育良好，必须深翻土地，创造疏松的耕层。播前要施厩肥和磷肥。特别需要施用磷肥，我国各地施用磷肥对鲜草和种子产量都有明显的增产效果。如江苏省、安徽省的淮北地区，施过磷酸钙300kg/hm^2，比不施磷的鲜草增产0.5～2倍，磷肥还能促进根瘤固氮作用。

2. 播前处理

毛苕子种子的硬实率高，出苗率仅有40%～60%，特别是新收种子硬实率更高，播种前应进行硬实处理，方法是用机械方法擦破种皮，或用温水浸泡24h后再进行播种。

3. 播期

毛苕子秋播、春播均可。南方宜秋播，在淮河流域以9月中、下旬为宜。三北地区及内蒙古自治区多春播，一般在4月初至5月初适宜。冬春小麦收后复种亦可。种子田，以早春或上年入冬时寄子播种，冬小麦种植区，也可于上年秋季播种，留苗过冬。

4. 播种方法

种子田应单播、条播或穴播，条播行距40～50cm，播深3～4cm，土壤湿润黏重宜浅，土壤干燥疏松宜深。播种后进行镇压，播种量为30～37.5kg/hm^2。

二、田间管理

毛苕子幼苗生长缓慢，易受杂草为害，应及时中耕除草，加强护青管理工作。种子田切忌牲畜为害，中耕深度3～6cm，进行2～3次。当植株生长封垅后，毛苕子可抑制杂草生长。

毛苕子虽然抗旱耐瘠薄，但在干旱区适时灌水和追肥，对丰产很重要。在播前施磷肥和厩肥的基础上，生长期可追施草木灰或磷肥1～2次。在土壤干燥时，应于分枝期和盛花期灌水1～2次。春季多雨地区应进行排水，以免茎叶变黄腐烂，落花、落果。

三、收获

毛苕子为无限花序，种子成熟参差不齐，过于成熟易爆荚落粒，要掌握时机适时收割。当茎秆由绿变黄，中下部叶片枯萎，50%以上荚果变成褐色时即可收种。收割时间宜在早晨露水未干时进行，随割随运，晒干脱粒。每公顷可收种子450～900kg。

扁蓿豆种子生产

扁蓿豆（*Melissitus ruthenicus*）是豆科扁蓿豆属多年生长寿命饲草。主根和侧根粗大，入土80～110cm，有较多根瘤。栽培种株高70～80cm，茎直立或斜上，多分枝。扁蓿豆喜温抗寒，但不耐夏季酷热，抗旱能力较强，在年降水量300～600mm的地方均能良好生长。对土壤要求不严，较耐瘠薄，可在各种土壤上生长，在pH值为8.5～9.0的重碱性土壤上也能生长。扁蓿豆的营养价值良好，含有较多量的粗蛋白，适口性好，各种家畜终年均喜食，是优等的饲草（彩图16和彩图17是扁蓿豆植株和种子）。

一、播种

1. 整地

深耕细耙有助于出苗和保苗，每公顷施入15 000kg半腐熟厩肥、375kg过磷酸钙、225kg草木灰作底肥对增产十分必要。

2. 播种

扁蓿豆硬实率较高，播前进行摩擦处理破除硬实，以提高发芽率。扁蓿豆一般为春播，在干旱地区以夏播为宜。单播条播行距30cm，每公顷播量15.0～20.0kg，覆土厚度1.0～1.5cm，播后镇压。

二、田间管理

扁蓿豆幼苗细弱，生长缓慢，播种当年应在抽茎至分枝期及分枝至现蕾期各中耕除草一次，以后年份则在封垄后拔除或割掉高大杂草。生长第三年开始，返青至快速生长期间，用齿耙按对角线斜行各耙地一次，以促进通气和分枝生长。

三、收获

扁蓿豆种子成熟不一致，应在荚果变黑、籽粒变硬时及时采收，一般每公顷可收种150～225kg。

第二节　禾本科主要饲草种子生产技术

冰草种子生产技术

冰草（*Agropyron cristatum*）是冷季型多年生饲草，须状根，密生，外具沙套，疏丛型。冰草分蘖能力很强，播种当年分蘖可达 25 ~ 55 个，并很快形成丛状。冰草草质柔软，营养价值较高，由于品质好，营养丰富，适口性好，各种家畜均喜食；又因返青早，能较早地为放饲家畜提供青饲料，是优良牧草之一。冬季枝叶不易脱落，可放牧，但由于叶量较小，相对降低了饲用价值。冰草具有很强的抗旱性和抗寒性，适于在干燥寒冷地区生长，特别是喜生于草原区的栗钙土壤上，有时在黏质土壤上也能生长，但不耐盐碱，也不耐涝，在放牧地补播和建立旱地人工草地中具有重要的作用（彩图 18 和彩图 19 为冰草植株和种子）。由于冰草的根为须状，密生，具沙套和入土较深特性，因此，它又是一种良好的水土保持植物和固沙植物。

一、播种

冰草播种前需精细整地，深翻、平整土地，彻底除草，并施足基肥（有机肥 30t/hm^2，硫氨 75kg/hm^2），拔节、孕穗及每次刈割后再追施尿素 150 kg/hm^2。在寒冷地区可春播或夏播，一般 4 ~ 5 月为宜；冬季气候较温和的地区以秋播为好。冰草千粒重为 2g 左右，播种量为 15 ~ 22.5kg/hm^2，一般条播，亦可撒播，条播行距 20 ~ 30cm，覆土 2 ~ 3cm，播后适当镇压。

二、田间管理

冰草易出苗，但幼苗生长缓慢，应加强田间管理。出苗后要及时中耕除草，促进幼苗生长。在生长期及刈割后，灌溉及追施氮肥，可显著提高产草量并改善品质。利用 3 年以上的冰草草地，于早春或秋季进行松耙，可促进分蘖和更新。

三、收获

种子产量很高，成熟后易脱落，应及时采收。在蜡熟末期收获，一般种子产量为 375 ~ 750kg/hm^2。

多年生黑麦草种子生产技术

多年生黑麦草（*Lolium perenne*）是禾本科黑麦草属多年生草本植物，具短根茎，须根稠密，茎直立，丛生；叶片窄长，深绿色，质地柔软，具光泽，富有弹性，是一种普遍使用的冷季型草坪草，适宜在我国东北平原，南部、西北较湿润地区；华北、西南海拔较高地区以及北方沿海城市生长。黑麦草喜湿润温和气候，不耐严寒和炎热，适宜在冬无严寒、夏无酷暑的地区生长（彩图 20 和彩图 21 为多年生黑麦草植株和种子）。

一、播种

1. 种子生产田的准备

用于生产种子的土地，为了避免品种混杂影响种子质量，要求生产区内在播种前，清除所有的多年生黑麦草、一年生黑麦草品种和其他有可能使种子混杂的饲草品种。播种前让禾本科杂草发芽，然后用除草剂消灭杂草；或播前先进行犁耕并休闲一段时间，以消灭杂草。

2. 播种时间

多年生黑麦草一般秋播。当初秋气温降到 25°C 以下时，就尽可能的早播。在长江中下游地区，于 9 月中下旬播种为宜，最迟不得晚于 10 月中旬。也可春播，即在 3 月底以前播种。目前，生产上用的品种在春播情况下无论鲜草还是种子产量都比秋播的低，尤其种子产量只有秋播的 1/3 左右。

3. 播种方式和播量

种子质量决定了播种量，在发芽率和纯度都达到国家或省级标准的情况下，种子田播量为 15kg/hm^2。播种方法：一般以条播为宜，行距 45cm。播后覆土 2～3cm，如覆种土中有土块，应敲碎，以免影响出苗。有些地区，在集约栽培的情况下，或者作物倒茬的需要，也有采取育苗移栽的方法。

4. 施肥

施底肥，视土壤肥力情况而定，每公顷在播沟内施磷肥1 500～2 250kg、钾肥 750～1 200kg。施底肥后，再撒播种子。

二、田间管理

（1）设立围栏：为了防止牲畜破坏，宜因地制宜建立网围栏、生物围栏、竹围栏、石头围栏等。

（2）施追肥：视土壤肥力情况和幼苗的生长情况而定，若土壤肥力好或中等幼苗生长情况好，不施任何追肥；若土壤肥力差，幼苗有发黄的情况，视发黄程度每公顷施尿素 150～225kg。秋季每公顷施含氮、磷、钾的复合肥

750 ~ 1 500kg 或施农家肥 1 500 ~ 3 000kg。

（3）去杂：在幼苗或其他生长期内，若种子地内有其他植株要及时清除，特别是要及时清除能产生种子的植株。

（4）病虫害防治：在生产过程中发现病虫要及时报告，采取措施及时防治，保证种子生产顺利进行。

（5）再生草的刈割：多年生黑麦草收了一季种子后，再生草最后一次在晚秋季节刈割，其余时间不能刈割，以保证植株充分发育。种子生产田在收种后，及时清除多余的残茬，控制杂草和病害，为来年的种子生产做准备。

三、收种

1. 收种时间

在种子达到 50% ~ 70% 成熟时，即可采收。即将穗夹在两手指间，轻轻拉动，多数穗上有 1 ~ 2 个小穗被拉掉时即可收获。若过早采收影响种子质量和产量。若过迟采收，则种子容易脱落，影响产量。所以，在收种季节间，要随时进行田间观察，及时采收，切勿大意。

2. 收种

收种时，刈割植株后，及时清除其他植株，特别是附带种子的其他植株，以提高种子纯净度。同时将植株放到油布等装置上成行摊晒，防止种子脱落到地面上，影响种子产量。在脱粒之前，应使其干燥几天。刈割前种子含水量应为 35% ~ 40%，摊晒至含水量达 12%，即可脱粒，干燥后贮藏。

玉米种子生产

玉米（*Zea mays*）又名玉蜀黍、棒子、苞米、苞谷等，属禾本科玉米属。全世界玉米播种面积仅次于小麦、水稻而居第三位。在中国玉米的播种面积很大，分布也很广。玉米胚大，占总重量的 10% ~ 14%，其中，含有大量的脂肪，因此，可从玉米胚中提取油脂。玉米适口性好，能量高，玉米的代谢能为 14.06MJ/kg，高者可达 15.06MJ/kg，是谷物类饲料中最高的。这主要由于玉米中粗纤维很少，仅 2%；而无氮浸出物高达 72%，且消化率可达 90%，所以，是畜禽和反刍动物很好的精料。

一、播种

1. 整地

选择土层深厚、肥沃疏松、阳光充足、排灌方便、交通便利的地块。整地前施腐熟有机肥 15～22.5t/hm^2，然后犁翻、耙碎、整平、起畦。

2. 播种

早播于 2 月中旬至 3 月上旬，中播于 5 月上、中旬，晚播于 8 月上、中旬播种。畦宽 0.9～1.1m（包沟），每畦种 2 行。行距 45～55cm、株距 30～35cm，条播播量 30kg/hm^2。土壤肥力高的种植密度宜小些，反之密度应大些；紧凑型玉米种植密度宜大些，平展型玉米密度应小些。穴播时每穴播2～3 粒新鲜、饱满种子；一般田块播种深度 5～6cm、墒情好的田块 4～5cm、墒情差的 6～8cm，株距要匀，覆土要严；播种后要保持土壤湿而不漫，确保齐苗、壮苗。

二、田间管理

1. 及时定苗

当玉米长至 4～5 叶时，于晴天下午定苗，虫害严重可推后至 5～6 叶时进行，留大小均匀一致的壮苗，疏去弱、杂、病、小苗。

2. 科学追肥

①轻施见光肥：齐苗后 5～7d 施腐熟粪水 15～18.75t/hm^2 加尿素 60～75kg 对水 15t 淋施，以促进根系的生长，打好高产基础。弱势苗多施，以促全田均衡生长。②重施中期肥：玉米拔节至孕穗是需肥最多的时期，尤其在大喇叭口期是决定果穗大小，子粒多少的关键期。每公顷施高含量复合肥 225kg＋硫酸钾 75kg，叶色偏黄的田块可增施尿素 60～90kg，肥料条施于畦面两行玉米中间的施肥沟中并覆土。③补施穗粒肥：在抽雄至开花期要补施粒肥，玉米抽雄后每公顷施高含量复合肥 150～225kg，同时也可用磷酸二氢钾等进行根外追肥 1～2 次，以防止“秃顶”。

3. 水分管理

按照前润、中湿、后润的原则进行。抽雄、灌浆期为玉米需水临界期，一般抽雄期浇 1 次水，灌浆期浇 1～2 次水，如遇雨、干旱可根据实际情况减少或增加浇水次数。

4. 去蘖除弱

拔节以后将分蘖和不能形成果穗的弱小苗去掉，改善植株群体结构，减少病虫害和提高产量。在玉米抽雄穗前和吐丝前后，再次将少数没有结棒能力的小株、弱株拔除，既能省水省肥，又利于田间通风透光。

5. 培土除草

结合施肥、松土、除草，进行二次培土，确保根系不外露，以增加营养吸收面积，同时提高植株抗倒伏能力。

6. 及时定苞

应根据植株生育特性以及生长情况定苞，一般弱势苗只留顶端 1 苞，壮苗留 2 苞，但一般不应超过 2 苞，以防出现空粒玉米棒。

7. 防治病虫害

黏虫、玉米螟、穗蚜等是玉米的主要虫害，如发生虫害要及时喷洒化学药剂来除治。玉米生长的中后期，当每 10 株玉米平均蚜量达到 500 头以上时，可用 40% 氧化乐果乳油 1 000 ~ 1 500倍液喷雾防治。玉米螟是穗期的主要虫害，每 667m^2 可用 250g 3% 辛硫磷颗粒剂，拌细沙 5 ~ 6kg，撒于玉米心叶或叶腋、雄穗苞叶和果穗上。防治玉米大小叶斑病，可用 50% 多菌灵或 50% 退菌特 500 倍液喷雾，每隔 5 天喷 1 次，连喷 2 ~ 3 次。

三、适时收获

收获籽粒应在玉米籽粒达到生理成熟时，以玉米叶片干枯、籽粒饱满、苞叶变白、变软，籽粒黑色层形成，胚乳线消失为标准，以确保植株养分充分转移，增加产量。整株带穗青贮，籽粒达到乳熟后期收获（彩图 22）。

无芒雀麦种子生产

无芒雀麦（*Bromus inermis*）是禾本科雀麦属多年生禾草，具短根状茎。根系发达，茎直立，植株高 50 ~ 100cm。由于根茎发达，再生性强，一般每年刈割 1 ~ 2 次制作干草，再生草作放牧用，利用率较高。无芒雀麦叶多茎少，营养价值高，适口性很好，各家畜均喜食，羊尤喜食。由于具短的地下茎，易结成草皮，放牧时耐践踏，所以又是优良的放牧型饲草。无芒雀麦在我国东北、华北、西北等地有广泛分布（彩图 23 为无芒雀麦花序和种子）。

一、播种

无芒雀麦对土壤的要求不严格，但在排水良好而肥沃的壤土或黏壤土区能更好地生长，在轻沙质土壤中也能生长。在盐碱土和酸性土壤中表现较差，不耐强碱和强酸性土壤。无芒雀麦根系发达，地下茎强壮，播种前易深耕，由于苗期生长缓慢，所以，需要精细整地；施足基肥以保墒减少杂草，有机厩肥 15～22.5t/hm^2，过磷酸钙 225kg/hm^2。

温带地区春、夏、秋季均可播种。干旱、寒冷的地区宜夏播、秋播，春播以早春（4 月上旬）播为好，秋播（9 月上、中旬）亦可。种子生产田播种深度 2～3cm，通常以条播为宜，行距 45～60cm，播量 7.5～11.25kg/hm^2，播后镇压蓄墒。

二、田间管理

无芒雀麦苗期生长速度缓慢，易受杂草抑制，所以苗期的除草是主要的田间管理措施。无芒雀麦对氮肥、磷肥需求大，氮肥提高草产量，氮磷复合肥提高种子产量。种子田一般施尿素 225～375kg/hm^2，分几次施给效果好，施二胺 75～150kg/hm^2，拔节、孕穗或刈割后追施氮肥，如结合灌水则显著提高种子产量。孕穗期灌好扬花水，盛花期注意灌好灌浆水，并要辅助人工授粉。种子田应注意秋季的田间管理，灌足秋水、冬水，以利秋季分蘖芽的越冬，它决定第二年的种子产量。

无芒雀麦是长寿命饲草，播种当年生长缓慢，应注意中耕除草。当根茎积累盘结，待第四年、第五年时，则需要耙地松土，切破草皮，改善土壤的通透状况，促进分蘖、分枝，以提高青草产量，增加种子产量。

三、收获

无芒雀麦播种当年不宜采种，采种在 50%～60% 小穗变黄时收种，一般在蜡熟期分 2～3 次分期收获种子，种子产量可达到 225～675kg/hm^2。

苇状羊茅种子生产

苇状羊茅（*Festuca arundinacea*）是禾本科羊茅属多年生饲草，原产于西伯利亚西部，欧洲和非洲北部。植株较粗壮，秆直立，平滑无毛，高 80 ~ 100cm，是适应性最广泛的植物之一。它能够在多种气候条件下和生态环境中生长。抗寒又能耐热，耐干旱又能耐潮湿，在冬季 -15℃的条件下可安全越冬，夏季可耐 38℃的高温；除沙土和轻质土壤外，苇状羊茅可在多种类型的土壤上生长，有一定的耐盐能力，可耐 pH 值为 4.7 ~ 9.5 的酸碱度。苇状羊茅枝叶繁茂，生长迅速，再生性强，其饲料品质中等，适宜放牧、青饲、青贮或调制成干草（彩图 24 为苇状羊茅植株与种子）。

一、播种

苇状羊茅较易建植，在春季或秋季皆可播种，以秋播为宜，当地温达5 ~ 6℃时种子即可正常发芽，地温达 8 ~ 10℃时幼苗生长发育迅速并一致。秋播不宜过迟，一般掌握使幼苗越冬时达到分蘖期，以利越冬。播前须精细整地，施足底肥，为获高产，可根据土壤养分状况，按需要量施肥，一般土壤有效成分可保持：磷（五氧化二磷）不低于 30μg/ml，钾（氧化钾）不低于 100μg/ml，速效氮在 40 ~ 60μg/ml。播种量一般 22.5 ~ 37.5kg/hm^2，条播行距 30cm，播深 2 ~ 3cm，播后适当镇压。

二、田间管理

苇状羊茅苗期生长缓慢，应注意中耕除草，有条件的每年越冬前追施磷肥，返青和收割后追施氮肥并适时浇水，可有效地提高产草量和改善品种。

三、收获

苇状羊茅种子成熟时易脱落，采种可在蜡熟期，当 60% 的种子变成褐色时就可收获。种子发芽率可保持 4 ~ 5 年，此后发芽率急剧下降，生产上应注意保种。

老芒麦种子生产

老芒麦（*Elymus sibiricus*）是披碱草属多年生草本植物，疏丛型，须根密集。秆直立或基部稍倾斜，老芒麦的根系发达，入土较深。适口性好，马、牛、羊均喜食，特别是马和牦牛喜食，是披碱草属中饲用价值较高的一种。

老芒麦抗寒性很强，能耐 -40℃的低温，故在三北地区越冬性良好，是很有经济价值的栽培饲草。对土壤要求不严，在一般盐渍化土壤上也能生长，并具有一定的耐湿性、耐旱性（彩图 25 为老芒麦花序和种子）。

一、播种

1. 整地

播种前深翻土地，如春播应在前一年夏秋季翻地，施足基肥。播前耙耱，使地面平整。干旱地区播前要镇压土地；在有灌溉条件的地区，可在播前灌水，以确保播种时墒情。

2. 播种

老芒麦具长芒，播种前必须去芒，可以春播、夏播、秋播，因地区和条件不同而异。以夏播或秋播为好，秋播应在初霜前 30 ~ 40d 播种，太晚苗期生长时间短，养分贮备不足，易造成越冬死亡。在前一年已灭草而且墒情又好的地块，也可春播。播种方式采用条播，行距 15 ~ 30cm，播深 2 ~ 4cm，播种量为 18. 75 ~ 22. 5kg/hm^2。

二、田间管理

老芒麦在苗期生长缓慢，易受杂草抑制，甚至引起死亡，所以必须苗期除草，并且在播种前进行耕翻，消除杂草。施肥时除施足基肥外，还要注意适当追肥，尤其要注意追施速效氮肥。老芒麦对水肥反应敏感，有灌溉条件的地力，在拔节、孕穗期灌水并结合施肥，能显著提高种子产量和品种。同时要防止老芒麦常见病的发生，如白粉病、秆锈病、叶锈病等。

三、收获

种子成熟易脱落，要及时收获，一般种子达 60% ~75% 成熟时，即可进行收获。

披碱草种子生产

披碱草（*Elymus dahuricus*）为禾本科披碱草属多年生疏丛型禾草，须根系，根深可达 110cm，多集中在 20cm 以上土层中。茎直立，株高 70 ~ 100cm

或更高。披碱草的适应性强，抗寒、耐旱、耐盐碱、抗风沙。由于分蘖节距地表较深，同时又有枯枝残叶覆盖，所以能忍耐-40℃以下低温。披碱草耐盐碱，可在pH值7.6~8.7的土壤上良好生长。披碱草叶量少且茎秆粗硬。据测定，叶占草丛总重量的16%~39%，而茎达50%~67%，但适时刈割仍可是各类家畜的良好饲草。调制好的披碱草干草，颜色鲜绿，气味芳香，适口性好，马、牛、羊均喜食；绿色的披碱草干草制成的草粉亦可喂猪。青刈披碱草可直接饲喂家畜或调制成青贮饲料喂饲（彩图26为披碱草种子）。

一、播种

1. 整地

披碱草需要深翻地，深耕18~22cm，整平耙细后播种。播种前施足基肥或播种时施种肥。

2. 种子处理

披碱草种子具长芒，不经处理种子易成团，不易分开，播种不均匀，所以播种前要去芒。可用断芒器或环形镇压器碾轧断芒，除芒后方可播种。

3. 播种时间

披碱草春、夏、秋三季均可播种。有灌溉条件或春墒好的地方可春播，以使播种当年就得到较高的产量。在旱作区春墒又不好的地方，以夏秋雨季播种为好。试验证明，由于披碱草种子萌发要求水分不多，抗寒性强，稍迟播种也能安全越冬，所以，在下过透雨后再播种更好。这样既可将萌发的杂草消灭在播种前，又可施肥，不影响出苗和幼苗越冬，所以，在整好地的情况下，秋播亦可。据中国农业科学院草原研究所在内蒙古镶黄旗试验，在土壤快要封冻的10月28日播种，翌年4月20日借春墒出苗，6月底封垄，9月30日株高达92cm。临冬播种披碱草不仅可得到较高的收成，并能调节农忙时劳力的紧张程度。

4. 播种方式

单播行距15~30cm，覆土2~4cm，播种后要重镇压，以利保墒出壮苗。播种量30~45kg/hm^2。种子田可适当少播，以防过密影响种子产量。

播种后，在适宜的水、热条件下，一般萌发迅速而整齐，如在25℃条件下，当水分充足时，3d后即可萌发，从第4~6d，80%以上的种子均可萌发。

二、田间管理

披碱草苗期生长缓慢，可于分蘖期间进行中耕除草，以消灭杂草和疏松土壤，促进良好生长发育。翌年可在雨季追施氮肥 10～20kg。

三、种子收获

披碱草种子成熟后易脱落，延迟收获时易落粒减产，甚至颗粒不收。要在穗轴变黄，有 50% 的种子成熟时收获为好。大面积采收种子时，可用康拜因收割。每公顷可产种子 375～1 500kg。

鸡脚草种子生产

鸡脚草（*Dactylis glomerata*）是禾本科鸭茅属的一个种，为多年生饲草，又名鸭茅、果园草，原产于欧洲、北非及亚洲温带地区。中国湖北、湖南、四川、云南、新疆等省区均有分布，是适于南方高山高原和长江流域中下游一带种植的饲草。根系发达，入土深可达 1m；茎丛生，株高 1～1.3m，全株光滑无毛，蓝绿色，茎基部扁平；基叶多，秆叶少，圆锥花序，直立，开展，小穗两侧压扁，密集于分枝的一侧，簇生，形似鸡足，因而得名。鸡脚草喜温和湿润气候，最适生长温度为 10～31℃。耐阴能力为一般饲草所不及，可在果树下生长，故又名果园草。在果园间隙地种植，对于提高果园土壤肥力，防除杂草滋生，有效地利用土地，实行林牧结合均有重要意义。能耐旱、耐瘠、略能耐酸，不能耐碱，抗寒能力及越冬性差，对低温反应敏感，6℃时即停止生长，冬季无雪覆盖的寒冷地区均不易安全越冬。鸡脚草营养枝丰富，草质柔软，适口性良好，各种家畜极喜食，但此草耐践踏能力较差，放牧时间不能太长，放牧不宜频繁。鸡脚草在土壤中能积累大量根系残余物，对水土保持，改良土壤结构，提高土壤肥力有良好的作用，彩图 27 为鸡脚草植株和种子。

一、播种

1. 整地

鸡脚草种子细小，顶土力弱，因此，播种前应精细整地。在秋耕、耙地的基础上，第二年播种前还需耙地，必须保证土细、肥均匀，土壤墒情良好，这样才能保证抓全苗。

2. 播种时间

鸡脚草必须适时播种，长江以南地区春播秋播均可，而以秋播为好。春播以3月下旬为宜，秋播不迟于9月下旬。在北京地区以早播为宜，播种不宜太迟，否则越冬有困难。

3. 播种方式

鸡脚草以条播为好，行距15～30cm，覆土2～3cm，播量7.5～15kg/hm^{2}为宜。

二、田间管理

鸡脚草幼苗生长缓慢，生活力弱，苗期一定要中耕除草。鸡脚草需肥量较大，尤其对氮肥敏感，因此除施足基肥外，生育过程中宜适当施追肥。在一定范围内其产量与施氮肥成正比关系，据国外资料报道，施氮肥262.5 kg/hm^{2}其产草量最高，干物质达18t/hm^2；但种子田氮肥不宜施用过多，否则会造成营养生长而抑制了生殖生长。

三、种子收获

种子落粒性强，应在种子蜡熟期及时采收，种子产量300～450kg/hm^2。

第三节　菊科主要饲草种子生产技术

籽粒苋种子生产

籽粒苋（*Amaranthus caudatus*）为菊科苋属的一年生草本植物，根系发达，吸收水肥能力强，较其他叶菜类饲料抗旱，株高2～3m。种子细小，圆形，黄白色、红黑色或黑色，千粒重0.5g左右。籽粒苋为短日照饲草，喜温暖湿润气候，生长最适宜温度为24～26℃，当温度低于10℃或高于38℃时生长极慢或停止生长，较耐盐碱和抗病虫。对土壤要求不严，栽培上需要施基肥，刈后施氮肥，以促进再生。籽粒苋为喜肥作物，需氮肥量是禾谷类的1

倍以上。籽粒苋蛋白质、脂肪含量丰富，茎叶和籽粒中粗蛋白质含量分别为17.7%～27.1%和30%以上。籽粒苋茎叶柔软多汁，是各类畜禽理想的青饲料，猪、鸡、鸭、鹅、牛、兔均喜食，也是鱼极好的青饲料，喂畜禽可代替部分精饲料，籽实也是家禽的优质精饲料（彩图28为籽粒苋植株和种子）。

一、播种

播种前苗床整平耕细，施有机肥3 000t/hm^{2}左右，播前做畦。3～10月均可播种，播种量4.5～7.5kg/hm^2，播种深度1～2cm，覆土要浅，行距50～70cm，株距15～20cm，采种田宜稀。籽粒苋种子较小，直播困难，不易保苗，可以育苗移栽。

育苗移栽分为苗床准备、苗床播种、移栽。苗床一般为结冻前挖好的床坑，床坑内最下层铺9cm厚的格尧、碎草；上面再铺9～15cm厚的发酵好的酿热物，如马、牛、羊畜禽粪等，踩实整平后；上面再铺9～12cm厚的营养土。温床上盖农用塑料布，也可盖玻璃窗扇，最上面盖草苫子或棉被，以保温防寒。温床四周架好风障。苗床准备好后选择暖和无风的晴天进行播种，播前床土要达到疏松、细碎、平整，浇底水后，撒一层薄薄的营养土，有利于种子发芽。播量要适宜，播种要均匀，覆土厚薄也要均匀一致。缝隙处用湿泥堵严，保持床内有较高的温度和湿度，以利出苗。苗高15cm，可移栽到大田。

二、田间管理

苗期要及时除草间苗，苗高5cm时可间苗，有缺苗断空，可随间随补栽，要做到带上移栽补苗；10～15cm时定苗，促进早发，苗期遇干旱应灌水。在现蕾期追施氮肥225kg/hm^2，适当施用磷钾肥，可提高结实率。籽粒苋植株高大，一般株高1～1.5m时，由于头重脚轻，易倒伏，可在中耕时培土预防倒伏。对以收籽实为目的的籽粒苋田，最好打掉侧枝，打下的枝芽是畜禽的优质饲料，同时保证主花序发育良好，主穗大，籽粒保满，有利高产。

三、适时采收

籽粒苋的成熟期不一样，一般以花序中部籽粒基本成熟，当80%穗子稍发黄，籽粒发亮时即可刈割。最好分期采收，成熟多少采收多少，以免田间掉粒造成经济损失。

串叶松香草种子生产

串叶松香草（*Silphium perfoliatum*）属菊科多年生宿根草本植物，能耐－38℃的严寒，能抗40℃的高温，中国南北均可种植。它也比较耐旱（3年生植株根深可达2m）；在地下水位高，水分充足的土地也可生长，能耐10～15d浸泡。一次栽种，可连续收获10～12年，若管理良好，生长期可长达15～20年。田边地角，房前屋后均能种植。串叶松香草鲜草产量和粗蛋白质含量高，鲜草可喂牛、羊、兔，经青贮可饲养猪、禽；干草粉可制作配合饲料。但串叶松香草的根、茎中的甙类物质含量较多；根和花中生物碱含量较多，喂量多会引起猪积累性毒物中毒（彩图29为串叶松香草植株和种子）。

一、播种

1. 整地

选择通风向阳、肥沃壤土作苗床，畦宽1.3m，沟宽0.3m，泥土要敲细，畦面要平整。

2. 播种

一般以种子繁殖，春播或秋播均可。播前种子要日晒2～3h，后在25～30℃温水中浸种12h，晾干后，再和潮湿细沙搅拌均匀，置于20～25℃室内催芽3～4d，待种子多数露白后播种。可采用窝播、条播或撒播；留种地宜稀播，一般播种量以7.5kg/hm^{2}为宜，按30cm×40cm株距定苗，播种深度1.5cm，盖上一层焦泥灰和细土，每窝3～4粒，幼苗出齐后间苗，每窝留苗1～2株，此外还有育苗移栽法。

采用育苗移栽时应精细整好苗床，可按5cm左右间隔撒播种子，然后盖上1～1.5cm的细土，并经常喷水保持土面湿润，苗床育苗也可采取粒播法，即将种子一粒一粒（尖头向下，有缺口一端向上）地插入土中，至种子完全被土盖上为止。采用粒播法，种子用量最少，而发芽率则最高。幼苗移栽：幼苗长出4片真叶或叶片长达30cm左右时，即可移栽定植土地上去。

二、田间管理

1. 中耕除草

串叶松香草出苗后，第一年生长很慢，容易滋生杂草，必须经常不断地在行间中耕和株间除草。由于它的植株基部不断地向四周扩大生长，形成丛生枝，地下又形成庞大的须根系。因此，在中耕除草时，根际土层不宜翻动，中耕松土深度以不超过5cm为宜。由于留种田的串叶松香草植株高，容易被风刮倒，故待苗生长旺盛后，应注意培土起垄，垄高一般10~20cm，既利防风，又利排水。

2. 施肥

串叶松香草耐肥性强，移栽前施有机肥37.5t/hm^2，磷肥50kg，标准氮肥15kg为基肥。每青刈一次，追施标准氮肥150kg/hm^2。一年后要续施磷肥和氮肥，以不断补充和保持土壤中的肥力。

3. 灌溉与排水

串叶松香草具有庞大的须根系分布在耕作层内，能充分吸收表层土的水分与营养，同时根系还能深入土层下部。一年生植株根深可达40~76cm，根幅40~56cm；二年生根深达169~180cm，根幅200~220cm，因此，具有深入土层下部的耐旱特性。不过它的根系80%分布在4~40cm的土层内，保持这层土壤含有充足的水分，对其生长发育具有十分重要的作用。因此，如遇干旱天气，能度过干旱不致完全死亡，但生长很慢，产量低，尤其是第一年幼苗阶段，根系尚不发达，如供水不足，仍将发生死亡现象。我国长江以南，特别是珠江流域各地，要注意及时排水，勿使土壤积涝，尤应注意雨季的排涝工作。

4. 病虫害防治

串叶松香草抗病能力强，一般病虫害较少。花蕾期有时玉米螟侵害，可用1 000倍敌百虫驱杀。苗期出现白粉病，应及时喷洒浓度0.5%左右的石灰硫磺合剂防治。在7~8月高温潮湿时，易发根腐病，主要防治措施是增施有机质肥料，并结合深耕以改善土壤通气性，以减轻发病。对于病株要拔除、烧毁，在病株处撒上石灰。

三、收获

串叶松香草花期很长，种子成熟连续不断延续很长时间，在山西地区从

7月下旬可延至10月中旬。由于种子成熟期不一致，种子成熟后又极易脱落，因此，必须随熟随采。一般每隔3～5d采一次，采后要及时晒干去杂，包装贮藏。串叶松香草的茎秆嫩脆，容易被折断，采收种子时应十分注意，以免影响采种产量。种子成熟时呈黑褐色，晒干以后，花头（蓝状花序）即开裂，种子（瘦果）在花序外缘第二层、第三层，随水分减少而逐渐向外张裂并随风飘落，为避免种子损失，应在种子呈黑褐色成熟而未开裂时采收。在全部种子成熟期间，以首批成熟的种子质量最好，籽粒饱满，发芽率与成活率均较高。

菊苣种子生产

菊苣（*Cichorium intybus*）为菊科多年生草本植物，根肉质、短粗。茎直立，有棱，中空，多分枝。该植物耐寒，耐旱，耐盐碱，喜生于阳光充足的田边、山坡等地，在水肥等适宜条件下，生长迅速，产草量高。菊苣再生性强，寿命长，一次种植可连续利用5～8年。菊苣为药食两用植物，叶片鲜嫩，可炒可凉拌，是高营养蔬菜；植物的地上部分及根可供药用，具有清热解毒，利尿消肿，健胃等功效。此外，菊苣适口性好，所有的家禽及草鱼都爱吃，是优质青饲料；菊苣抗病力强，特别是它的抗虫性很强，但在低洼湿涝地区易发生烂根，必须及时排除积水。

一、播种

菊苣宜选择肥沃疏松的沙壤土种植。菊苣对土壤的酸碱性适应力较强，但过酸的土壤不利于其生长。栽培不受季节限制，气温在5℃以上的季节都可播种。播种方法可条播或育苗移栽，在大草原或荒地可撒播。杂草竞争力不如菊苣，故无草害之忧，每次刈割后只要及时施肥浇水，便可年年获得丰收。

菊苣的种子发芽率一般都能达到95%以上，种子千粒重约为1.5g，育苗移栽用种量300～500g/hm^2 足够，比直播大大节省用种量。条播按30cm行距开浅沟，沟深3cm，播后覆土，厚1cm左右。播种期如遇上大雨天，应于大雨后播种，如季节已晚，需在雨天或雨前抢播，播种后要扣上地膜，待出苗后即可划开地膜。当3～4片真叶长出时定苗，定苗株距15cm。地膜覆盖的栽培法，能减少杂草生长，有利于保肥保水和肉质根的生长，彩图 30 为菊苣种子。

二、田间管理

1. 灌溉

菊苣在整个生长发育过程中都需要湿润的环境。播种后如土壤水分不足，会延迟发芽出苗时间。但在苗期，为了促进根系的发育，需适当控制水分，做到田间见湿见干，采用沟灌，水灌至畦面即停水，不要淹过小苗，隔几天见畦面干后再灌。定苗后浇水不要过多，土干的浅松土，使根群向下生长。菊苣生长旺盛期，肉质根迅速膨大，增加浇水次数和灌水量。肉质根已基本形成，要控制浇水。植株营养生长期需充足的光照，肉质根才能长得充实。但是在低洼易涝的地方，土壤排水不畅、通透性差，根系呼吸困难时，极易引发烂根。所以，大田种植必须开沟排水。

2. 追肥

播种齐苗后要及时追施速效肥，并浇足水，促进幼苗快速生长。同时要注意加强田间排涝降渍工作。每次刈割后，应及时追施以氮肥为主的肥料，并浇足水，促使其迅速再生。

3. 除草和病虫害防治

菊苣刈割后生长速度快，能明显抑制杂草的生长，一旦杂草形成为害，可通过刈割除去杂草，加之菊苣抗病力强，所以生产中很少发生病害。但在菊苣被刈割利用前需喷施多菌灵液，以防止土壤中的真菌为害刈割伤口。菊苣的虫害主要是地老虎、蝗虫。地老虎对幼苗为害较大，每 667m^2 可用 2. 5% 敌百虫 1. 5kg 与 22. 5kg 细土拌匀撒于窝行间，也可用 50% 敌敌畏乳剂 1 000倍液喷雾。蝗虫，可用恶虫威或敌百虫喷雾，也可在早上露水未干时捕杀成虫等措施防治。

三、利用与收获

菊苣芽生长 20 ~ 30d 后，当芽球长到 10 ~ 15cm 高，3. 5 ~ 5. 0cm 粗时，单球重 100g 左右，即可收获，从芽球基部用利刀切割，位置不要过高，否则易散球。此时芽体嫩黄，洁净、紧实、美观，修整后用塑料袋或保鲜膜小包装即可上市，也可放入冰箱中存放 1 ~2 周。注意上市时应遮光，否则芽球就会逐渐变绿而降低品质。

目前，栽培用的菊苣种子主要从国外购进，价格昂贵。留种株的选择是从软化栽培中选出芽球外观好、合乎商品标准的植株拔起，集中种植于采种圃，与其他菊苣品种和菊苣隔离，夏季拔除过早抽薹开花的植株。大批种植盛花期后去顶。植株中部种子转黄色即割下，晾晒干后脱粒，风净保存备用。少量采种时应分批采摘成熟的种子。

第六章　饲草种子贮藏技术

种子贮藏（seed storage）是种子生产的一个重要环节。在贮藏期间种子要经历一系列的不可逆劣变过程。通常认为劣变起始于种子生理成熟，其结果导致活力下降，即发芽率、种苗生长势及植株生产性能的下降。劣变的过程中，种子内部发生一系列的生理生化变化，变化速度取决于种子收获、加工和贮藏条件。饲草种子贮藏的主要目的就是通过控制温度、水分从而保持或减慢种子的发芽势、发芽率和种子活力的降低，并防止机械混杂，保持品种纯度，防止虫、霉、鼠、雀为害，进一步提高种子的净度，并保持其使用价值，延长其寿命和使用年限。饲草种子安全贮藏的关键是控制种子的呼吸作用，而控制种子呼吸的关键则是干燥、低温、密闭三大技术要素。要保证这三大技术要素的实施，技术管理是种子贮藏期间至关重要的。

第一节　种子的寿命

一、饲草种子寿命的概念及类型

种子寿命是指种子的生活力在一定环境条件下能保持的期限。种子的寿命因植物种类的不同而不同。可以是几个星期，也可以长达几年或几十年。实际上，一批种子中的每一粒种子都有它自己一定的生存期限，并且由于母株所处的环境条件、种子在母株上的部位、收获后的贮藏条件的不同，种子个体间生活力的差异很显著，但种子寿命是个群体概念。因此，一批种子的寿命，是指种子群体的发芽率从种子收获后至降低到 50% 所经历的这一时间，又称种子的“半活期”，即种子群体的平均寿命。

种子寿命是一个相当复杂的问题，寿命的长短不仅受遗传特征的影响，还受多种外界条件的影响，表 6－1 是不同批次的种子在不同环境影响下的寿命变化。在高温和潮湿的情况下，种子呼吸作用加强，这不仅消耗大量的贮存物质，同时还放出热量，加速蛋白质的变性，从而缩短种子的寿命，所以，只要改善种子本身的质量和贮藏条件，其寿命都可以相对延长。

种子寿命的类型：澳大利亚人 Ewart（1908）根据 1 400种植物种子在最适条件下贮藏的结果，将种子分为 3 类：①短命种子：寿命在 3 年以内，如琐琐、驼绒藜；②中命种子：寿命为 3 ~ 15 年，常见饲草种子都属于中寿命种子；③长命种子：寿命为 15 ~ 100 年或更长，如紫云英、莲子等。

表 6-1　发芽率相近的种子批在田间、贮藏和运输后的表现

植物	种子批号			
	1	2	3	4
一年生黑麦草（*Lolium multiflorum*）				
标准发芽率（%）	96	95	94	92
田间出苗率（%）	90	67	78	79
花生（*Pisum sativum*）				
标准发芽率（%）	93	92	95	97
田间出苗率（%）	84	71	68	82
高羊茅（*Festuca arundinacea*）				
贮藏前的发芽率（%）	90	91	90	88
贮藏 6 个月后发芽率（%）	91	90	84	74
贮藏 12 个月后发芽率（%）	90	73	58	24
降三叶（*Trifolium incarnatum*）				
贮藏前的发芽率（%）	90	90	94	88
贮藏 6 个月后发芽率（%）	90	90	92	76
贮藏 12 个月后发芽率（%）	92	89	84	48
红三叶（*Trifolium pratense*）				
贮藏前发芽率（%）	90	90	90	90
贮藏 12 个月后发芽率（%）	71	90	66	89
草地雀麦（*Bromus willdenowii*）				
运输前的发芽率（%）	94	96	93	90
远洋运输后的发芽率（%）	87	19	74	53

（Delouche & Baskin，1973；Naylor，1981；Wang & Hampton，1989；Hampton & Tekrony，1995）

二、影响种子寿命的因素

1. 种子构造与种子的寿命

种子的寿命与其构造、化学成分等有关系，这是由遗传特性决定的。长寿命种子都具有坚硬和不透性的种皮或类似种皮的结构。坚硬的种壳会降低种子的通水、通气性，同时也保护种子不受霉菌的侵扰，在这种情况下种子往往被迫处于休眠状态，从而可维持较长时间的生命力。带壳的或种皮色泽较深的种子寿命长，禾本科饲草有无稃壳（外稃和内稃）也会影响种子的寿命。如猫尾草种子去稃后生活力第一年就降低了 16%，而未去稃的种子 3 年后生活力未表现出显著降低，未去稃的种子比去稃种子的田间出苗率高6% ~ 14%，两年后未去稃的种子发芽率为 78%，而去稃种子为 40%。

种子的形状不同，在收获、清选、贮藏过程中所受的机械损伤不同，维持寿命的长短也不同：小粒种子不易受到损伤，寿命较长；球形种子比其他形状的种子对损伤的保护性更好，所以寿命相对较长。

2. 种子的生理状态与寿命

种子寿命的长短除决定于饲草本身的遗传特性外，还决定于种子的生理状态。母株所处的生态条件，如温度、光周期、降水量、土壤温度、土壤营养等，通过种子的形成、发育和成熟，可直接或间接地影响种子的生理状况，进而影响种子的寿命。因而即使同一饲草或同一品种，由于产地条件不同，其种子寿命也会产生明显的差异。从受精到种子成熟期间，缺乏营养元素，如缺氮、磷、钾、钙的条件下收获的种子比正常植株上收获的种子寿命短；成熟期水分过多，土壤盐分浓度过高，种子遭受病虫害等，都会造成种子的生理状况不良，缩短种子寿命。

未完全成熟的种子比完全成熟的种子的寿命短。这是因为未完全成熟的种子含水量高，并含有大量易于氧化的单糖、非蛋白氮和其他物质，呼吸强度比完全成熟的高，进而释放出更多的水和能量，可促进寄生在种子上的微生物的活动和繁衍，导致种子贮藏物质大量被消耗，加速种子的衰老和死亡速度。

3. 水分与种子寿命

水分是种子新陈代谢的介质和生理生化变化的参与者，对种子的物理、生理特性均有影响，但水分的多少却直接影响着种子的寿命。影响种子寿命的水分因素，包括种子本身的含水量和贮藏环境的相对湿度。前者的影响是直接的，后者的影响是间接的。种子含水量越高，呼吸作用越强，代谢旺盛，贮藏物质的水解作用越快，消耗的物质就越多，达到一定限度，种子就会萌发，从而缩短其寿命。一般种子含水量高于14%，能使种子寿命缩短，甚至发生霉变等意外事故；低于13%则比较安全。含水量如能稳定在6%～8%，则各种不利因素的影响几乎均可排除，最为安全。但并不是含水量越低越好，低于4%～5%时种子内的膜系统会受到严重的损伤。哈林顿通则指出，对于一般干藏的种子，种子水分含量在5%～14%的范围内，种子水分每增加1%，种子寿命降低一半。

影响种子寿命的另一个水分条件是贮藏时环境的相对湿度，仓贮期间种子含水量的多寡又与入库前种子含水量和仓内湿度有关。仓库湿度低，种子水分向外散发，含水量会有所降低；仓库湿度高，种子从空气中吸附水分，含水量提高。由此可见，空气中相对湿度的高低对于种子含水量有很大影响。在空气相对湿度高的条件下，干燥的种子由于吸湿性可再次变湿。根据原苏联对红三叶等7种豆科饲草和鷊草等11种禾本草种子在不同相对湿度下，干燥种子吸湿性的报道表明，豆科饲草在70%的相对湿度下，种子的含水量为7.60%～11.04%。如果湿度增至80%，种子的含水量提高到11.08%～17.04%；如果相对湿度增至85%，种子的含水量升至18.1%～18.88%；禾本草种子相应为11.04%～13.21%、13.17%～15.96%及14.48%～18.57%。饲草种类不同吸湿性各异，豆科饲草的吸湿性高于禾本科饲草，在豆科饲草中尤以红三叶及黄花苜蓿吸湿性最强；禾本科饲草中则以无芒雀麦、羊茅及草地早熟禾较突出。产生这种差别的原因是与种子中蛋白质含量及种子颖片等的大小及状况有关。对于长期贮藏的种子一般要求相对湿度在30%的环境中贮藏，这时大部分饲草种子的水分含量低于9%，可安全贮藏。

4. 温度与种子寿命

温度与种子的寿命也有密切关系，随着环境温度的升高，呼吸作用加强，种子的代谢活动加快，种子的贮藏寿命随之而缩短。严重时，由于呼吸作用增强，释放出热能和水分，能引起霉变和虫害，使种子完全丧失生活力。相反，种子处于低温状态下，其呼吸作用非常微弱，物质与能量的消耗极少，细胞内部的衰老变化也降低到最低程度，从而能长期保持种子生活力而延长种子的寿命。对绝大多数饲草来说，干燥的种子（具安全含水量的种子）在

-10～-20℃和相对湿度30%的条件下对其保存都是有利的。哈林顿通则指出，在0～50℃的温度范围内，种子温度每提高5℃，种子寿命降低一半。如小麦种子在常温条件下只能贮存2～3年，而在-1℃，相对湿度30%，种子含水量4%～7%时，可贮存13年，而在-10℃，相对湿度30%，种子含水量4%～7%，可贮存35年。种子含水量一定，温度越低，种子保持活力的时间越长。经干燥处理的种子含水量很低，在低于零度的低温条件下，种子不会受到伤害，所以，许多的研究机构已使用超低温对种质资源进行长期保存。

5. 各种气体与种子寿命

空气中的氧气和二氧化碳通过影响种子以及种子携带的微生物和仓虫的呼吸作用和种子中的脂肪氧化，而对种子寿命产生一定程度的影响。氧气是种子及微生物进行生命活动所必需的，在高氧浓度的气体中贮藏的种子其萌发力丧失最快。相反，减少氧气，甚至完全达到缺氧，在含有大量二氧化碳或氮气环境中贮藏种子，可以延缓种子的生命活动，延长种子的贮藏寿命。气体对饲草种子的作用与温度和水分等因素有关，但气体成分与温度和种子含水量两种因素相比，对种子的影响不甚明显。萌发试验结果表明，种子含水量是影响种子寿命的主要因素，温度次之，气体成分只在一定种子含水量和温度下对种子的寿命有影响。

总之，种子的寿命受到很多因素的影响，延长种子寿命在于几个因素的相互配合，以削弱其呼吸和内部的生命活动强度，这不仅是为了减少种子体内营养物质的消耗，还因为水分等外界条件可使其体内束缚状态的酶类“活化”，从而启动一系列分解反应。所以在降低种子含水量和周围空气湿度的基础上，若降低贮藏温度和空气含氧量，更有助于延长种子寿命。

经研究表明，①一年生饲草的种子寿命较多年生饲草的种子寿命长。一年生饲草，无论豆科或禾本科，均有较长的寿命。②所有豆科及禾本科饲草，经一定贮藏年限后，其发芽率均有不同程度的降低，其降低的情况视种类不同而异。③豆科饲草种子的寿命较禾本科长，其中，紫花苜蓿寿命较长，保存18年仍具有种用价值。在豆科饲草中，无论野生种或栽培种，凡硬实率较高和具小粒种子特征者，在贮藏期内，种子能保存较高的发芽能力，种子寿命较长。但红豆草及红三叶的寿命较短，其种用价值为4～5年。

第二节 种子的贮藏

一、种子贮藏前的准备

种子贮藏前的准备工作包括种子干燥、种子清选分级、仓库维修和仓库清洁消毒等。

1. 种子干燥

种子干燥是保证种子安全贮藏的基本措施。种子干燥的目的是降低种子的呼吸作用，减少种子内贮藏物质的消耗，杀菌灭虫，促进种子的后熟。干燥使豆科饲草种子含水量低于13%，禾本科和其他品种饲草种子含水量不超过14%。

2. 种子清选分级

干燥后的种子，要经过清选分级才能入库贮藏。清选种子的目的是去掉杂物、破碎的种子和菌虫，净化种子贮藏条件。因为破碎、成熟较差的种子及杂质能引起种子强烈的呼吸作用，促进仓虫和微生物繁殖，直接为害饲草种子的品质，因此，入库前要对饲草种子进行去杂、清选分级，经检验合格后方能入库。一般的机械清选和分级能同时进行，分级后的种子出苗一致，便于在种子经营中以质论价。清选分级后的种子要分批并进行标号，注明品种名称、等级、含水量、数量、生产单位、日期等。袋装的在袋内外都要有标签。

3. 仓库清洁和消毒

种子库应选择地势高、地下水位低以及远离污染源且交通方便的地方，种子库应朝阳、通风、防湿、防鼠害。种子入库前，仓库必须进行清洁。仓内的残留种子、杂质、垃圾等全部清除后，仓库的内壁也要彻底清扫，并要抹缝堵洞，防止仓虫及老鼠，仓外也要做同样处理。仓内采用喷洒、熏蒸的办法进行消毒。喷洒一般用敌百虫或敌敌畏原液用水稀释至0.5%～1%，充分搅拌后，用喷雾器喷洒即可。熏蒸一般采用磷化铝熏蒸剂，密闭熏蒸7d，然后通风3d进行消灭病菌和仓虫。最后要保证仓库做到“五无”：即无混杂、无霉变、无虫害、无事故、无鼠害。

4. 仓库容量的计算

仓库容量的估算方法因堆放形式的不同而不同，仓内总面积减去仓内走道、种堆与种堆之间的间距面积后，就是实际可用于堆放种子的面积。

散装仓容 = $V \times S \times H$

袋装仓容 = S/平均每袋占地面积 $\times N \times W$

囤贮仓容 = $V \times S \times H$

式中：V——种子的容重（kg/m^3）；

S——仓库的可用面积（m^2）；

H——堆放高度（m）；

W——每袋种子质量（kg）；

N——堆放层数。

二、贮藏方法

种子的贮藏方法很多，对种子贮藏的方法应掌握的原则是“五分开”：不同品种、不同等级、不同含水量、不同收获季节、不同产地的种子分开贮藏，要有明显的隔离标志。根据贮藏库的条件不同分为：普通贮藏、密封贮藏和低温除湿贮藏法。

（一）普通贮藏法（开放贮藏法）

所谓普通贮藏法（开放贮藏法）包括两方面内容：一种是将充分干燥的种子用麻袋、布袋、无毒塑料编织袋、木箱等盛装，贮存于贮藏库里，种子未被密封，种子的温度、湿度（含水量）随贮藏库内的温度、湿度而变化。另一种是贮藏库设有安装特殊的降温除湿设施，如果贮藏库内温度或湿度比库外高时，可利用排风换气设施进行调节，使库内的温度和湿度低于库外或与库外达到平衡。普通贮藏方法简单、经济，适合于贮藏大批量的生产用种，贮藏以1～2年为好，时间长了生活力明显下降。

（二）密封贮藏法

种子密封贮藏法是指把种子干燥至符合密封贮藏要求的含水量标准，再用各种不同的容器或不透气的包装材料密封起来，进行贮藏。这种贮藏方法在一定的温度条件下，不仅能较长时间保持种子的生活力，延长种子的寿命，而且便于交换和运输。在湿度变化大，雨量较多的地区，密封贮藏法贮藏种子的效果更好。

（三）低温贮藏法

低温贮藏是将种子置于一定低温的条件下贮藏。这一温度必须达到抑制微生物及害虫的活动，显著地减弱种子的呼吸强度，延长种子寿命。这是一种较为理想的种子贮藏方法。取得低温的方法有自然低温和人工机械制冷两种。

自然低温贮藏种子可采用冬季低温贮藏和地下贮藏2种方法。

1. 冬季低温贮藏

主要是利用种子导热性能差的特点和冬季寒冷的空气，使种子温度降低到一定的程度。如气温在0～15℃时，种子温度应为－2～－5℃。这时趁冷将种子入库，密封隔热。这种方法对保持低温、防止种子霉变及虫害有良好的效果。如内蒙古自治区常在寒冷季节将安全含水量以下的种子冻至－10℃以下，趁冷将种子放入仓库，上面盖上塑料薄膜，然后用含水量低于0.4%的干沙子或草木灰盖压，其作用是隔热密封。此法可使种子中心温度常年保持10℃左右，达到长期安全贮藏的目的。

2. 地下贮藏

地下贮藏有温度低而稳定、密封性能好、防虫效果好、不占用地上面积等优点。根据地下水位的高低，地下仓可以采用全地下和半地下等多种形式。地下仓在建筑上主要把握排水、防潮和壳顶三关，这三关是密切联系的有机整体。如对地下水和土壤渗水都要有排水系统，地面上也要把地面径流引开，减少对地下仓的渗透；仓库的仓壁要用沥青油毡或聚苯乙烯防潮；壳顶采用球形壳顶等。

3. 人工机械制冷低温贮藏

利用现代科学技术，人工制冷低温，强度可自行调节。人工机械制冷贮藏种子，目前主要用于种质资源的长期保存。譬如，美国于1995年建立的品种资源库，共10个贮藏室，每室36m^2，贮藏温度为4℃，其中，3个贮藏室可降温至－12.2℃，相对湿度32%，库容为18万个种子罐。之后美国相继建立了200多处品种资源库。日本修建的全自动化低温国家品种资源库，可贮藏6万份材料，贮藏温度为－15～－20℃。我国从20世纪80年代开始，在北京相继建立了两座国家种质资源库。Ⅰ号库贮藏净面积为325m^2，分大小两间。小间面积为111m^2，温度10℃，大间面积为214m^2，温度为0℃；Ⅱ号库的种质贮藏区由两个长期库、四个可调库、两个缓冲间和两个机房组成。两个长期库的温度为（-18±2）℃，相对湿度为57%以下，可容纳55万份种质材料，贮藏年限一般为50年，有的可达200年。

三、种子入库

种子入库时要把级别不同的种子分开、干湿程度不同的种子分开、受潮与不受潮种子分开、新陈种子分开、有无病虫的种子分开。种子入库后堆放的方式有袋装堆放和散装堆放。

1. 袋装堆放

袋装堆垛适用于大包装种子，其目的是仓内整齐、多放、便于管理。袋装堆垛形式因仓房条件、贮藏目的、种子品质、入库季节和气温高低等情况灵活应用，一般采用实垛法（图6-1）和“非”字型（图6-2）堆放。堆放时垛与垛之间以及垛与墙壁之间要留0.6m左右的通道，便于通风和管理。堆垛的排列应与仓库同一方向，在夏季高温季节堆高不应超过2m，冬季低温季节堆高可达3m。堆放时注意四线：安全线，堆垛不宜过高；防潮线，离窗户柱子留有距离；防虫线，周围喷施杀虫药带；还有防溅线。

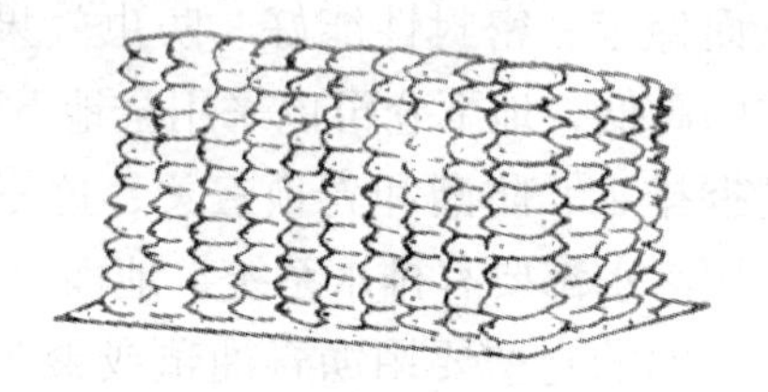

图6-1 实垛（毕辛华，2002）

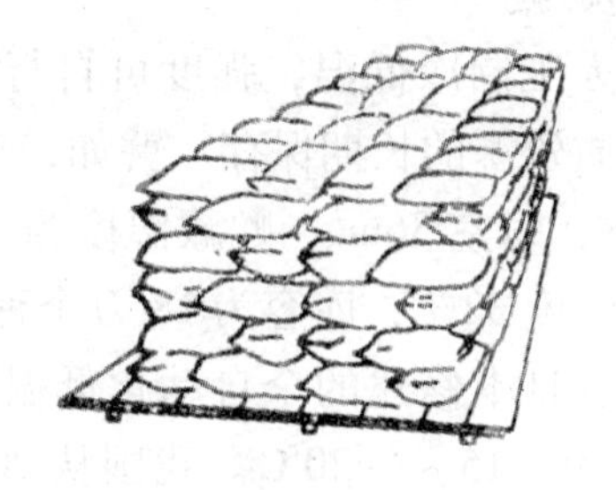

图6-2 “非”字型堆垛（毕辛华，2002）

2. 散装堆放

种子数量多，仓容不足或包装工具缺乏时，多采用散装堆放。散装种子有围包散堆和围囤散堆。围包是在堆放前按照仓房大小，以一批同品种种子用麻袋包装，用包围成围墙，离墙 0.5m，在围包内即可散放种子（图 6 - 3）。堆放高度不宜过高，防止塌包。围囤就是用芦席围成圆囤，内装种子。散装高度一般 2.5m 左右，直径 4m 以内，围沿应高出种子 10 ~ 20cm，囤与囤、囤与墙壁之间的距离为 0.5m 左右，走道间距离可稍宽一些。围囤适于在同一仓库内贮存多个不同品种或不同等级的种子。

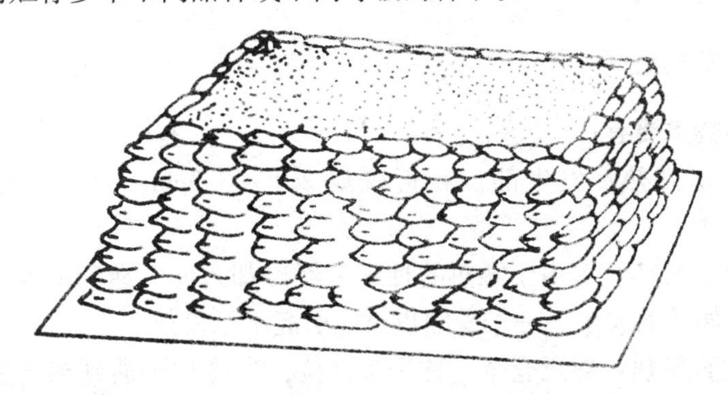

图 6 - 3　围包散装（毕辛华，2002）

第三节　种子贮藏期间的管理

种子是活的有机体，在贮藏期间会发生许多变化，为了保持种子生活力，延缓贮藏种子的衰老，贮藏期间的管理是至关重要的。

一、种子贮藏期间发热现象

种子发热是指种温不随仓温、气温的升降有规律地变化，而是在数日内超出仓温影响的范围即温度发生不正常上升，这种现象称发热。发热会使种子失去原有色泽，物质损耗过多，品质下降，严重者丧失生活力，不能再作为种用。

（一）种子发热原因

种子发热主要由以下原因引起。

（1）饲草种子贮藏期间：新陈代谢旺盛，释放出大量热能，积聚在种子堆内。无法散失的热量又进一步促进种子的生理活动，放出更多的热量和水分，如此循环，导致种子发热。新收获或受潮种子易发生这种情况。

（2）微生物迅速生长繁殖：微生物活动释放的热量比种子放出的热量要多，种子本身呼吸热和微生物活动的共同作用，是种子发热的主要原因。

（3）堆放不合理：各层之间和局部与整体之间温差大，水分转移、结露等引起种子发热。

（4）仓库条件差或管理不当。

（二）发热种类

发热种类主要有：

（1）上层发热：发生部位在近表层 2.1 ~ 3.3cm。时间一般在初春或秋季。

（2）下层发热：多由于晒热的种子未经冷却入库，遇到冷地面发生结露引起发热，如地面渗水、种子受潮也可能引起下层发热。

（3）垂直发热：靠近仓壁、柱子等部位，当冷种子遇到热仓壁或热柱子都会形成结露引起垂直发热。

（4）局部发热：分批入库种子品质不一致，水分相差大，整齐度差或纯净度不同引起。有时某些仓虫大量繁殖也可引起局部发热。

（5）整仓发热：上述 4 种发热现象不能及时处理制止，导致整仓发热，尤其下层发热最易引起整仓发热。

（三）饲草种子发热预防

预防饲草种子贮藏发热主要应注意：

（1）种子入库前：必须严格进行清选、干燥和分级，对达不到标准的绝不能入库，入库前种子必须进行冷却。

（2）清仓消毒，改善仓库条件：仓库必须具备通风、密闭、隔温、防热等条件，以便在气候变化时做好密闭工作。及时检查并维修库房，避免漏雨受潮。当仓内温度高于仓外温度时，及时通风，确保种子安全贮藏。

（3）加强管理，勤于检查：发现种子有发热或受潮迹象时，立即采取开沟、上下层倒垛、翻仓、摊凉、过风等方法降温散湿。如有发热或受潮变质的，及时彻底清除变质部分，重新清选包装入库。

二、种子结露的预防

结露是指由于温、湿度变化而使过饱和的水汽凝结在种子表面形成水滴的现象，这是物理过程。在气温下降的初冬或气温上升的初夏转换时期，由于种子表面与外界的温差较大，最易出现结露现象。预防结露从以下几方面做起：

（1）保证种子干燥：严禁水分超标的种子入库。刚加工出的合格种子不能立即入库，必须在库外停放 1～2d 冷却。种子冷却后入库可防止地表结露。

（2）种子入库前：库房需提前打开门窗通风干燥 1～2d。

（3）预防措施：春季，在种子表面覆盖一两层透气性好的麻袋片；秋末冬初气温下降时，经常翻动 20～30cm 范围内的种子；种子垛底部要用撑垫物与地面隔离悬空，充分保证种子垛底部的通风畅通，隔断地面的潮气与种子垛底部的接触。

（4）经常检查：发现问题及时处理。

三、种子贮藏期间的检查

在种子贮藏期间，要定期对种子质量的变化和安全条件的维持状况进行检测，发现问题及时解决。温度、湿度、发芽率、病虫害的变化是种子安全贮藏的重要指标，也是检测工作的主要内容。

（一）种子温度的检测

开放贮藏的种子种温在一昼夜间的变化叫日变化，开放贮藏的种子其种温一年之中的变化称为年变化。根据种温的日变化和年变化来定期、定时、定层、定点的对种子堆温度进行检查，做到及时、全面掌握种子堆温度的变化情况。温度检测一般用曲柄温度计、遥测温度计和杆状温度计等进行检查。定期是根据季节和种子情况，决定测温时间的间隔；定时则是每次应在同一时间检测各个种温；定层是把同一批种子堆分为上、中、下三层进行温度的测定，上层距堆面 0.5m，下层距地面 0.5m；定点是每次测定时要每层的四角及中央五点进行测定。散堆面积大的可分段设点，并增加检测点；包装的按垛进行检查。温度测定的次数和周期，根据种子含水量和季节而定（表

6－2）。

表6－2　种温检测的周期（d）

种子含水量	夏季和秋季		冬季		春季		
	新收获的种子	已完成后热的种子	0℃以上	0℃以下	低于5℃	5～10℃	10℃以上
15%以下	每天	3d	5～7d	15d	5～7d	5d	3d
15%以上	每天	每天	3d	7d	5d	3d	每天

（二）种子水分的检测

一般情况下，种子水分随空气的温湿度变化而变化，但比较缓慢。一天中的变幅小，而一年中变幅较大。种子堆上层变化快、变幅大，中层次之，下层较慢。种子水分检查的周期取决于种温的变化：种温在0℃以下时，每月检查一次；0℃以上时每半月检查一次；20℃以上时，每10d检查一次。禾本科饲草种子种温在30℃以上，豆科饲草种子种温在25℃以上时，应每天检测。水分检测点与温度检测点配合使用，检测点测出的数据，供种子堆立体分析使用，不能平均。

（三）种子发芽的检测

对贮藏种子的发芽率要进行定期检查，可根据检查结果判断贮藏条件的好坏，遇到不良条件，可及时采取措施。发芽率一般每季测一次，夏冬季及药剂熏蒸前后都应增加一次测定，最后一次检测应在种子出库前10d进行。种子温度和湿度不稳定时，则根据情况，增加检测次数。

（四）虫、鼠、雀、霉的检测

与贮藏种子有关的昆虫数百种，但只有50多种会为害种子的贮藏，而在这50多种中，仅有10多种会造成种子严重的损害，如米象、谷象、小谷长蠹虫、麦蛾、大谷蠹等。通过不定期、不定时的对仓虫进行检查，从而避免或减少仓虫对种子的为害。仓虫的检查，种温在15℃以下（1～3月），每月检查一次；种温在15～20℃（春、秋季），每半个月检测一次；种温在20℃以上（4～10月），每周检查一次。危险部位应增加检测点数，除种子堆外，对墙壁、梁、柱、仓具等均须进行检查。鼠、雀检测，主要看粪便、查脚印；在过道、墙角等处地面撒石灰粉检查脚印，库内外还要检查鼠洞。霉变检查，重点是复查墙角堆角，表层下 50cm 外及柱脚等易返潮、结露和不通风的地方。检查方法是看色泽、闻气味、用脚踏印堆试其光滑程度，用手扇动看种子的散落性和有无结块等现象。

四、种子贮藏期间的管理

种子在贮藏期间应多加管理。其任务是保持或降低种子含水量和种子温度，控制种子及种子堆内害虫及微生物的生命活动，注意防除鼠害。因此，在种子贮藏期间应认真作好防潮隔湿，合理通风及各项检查工作。

（一）防潮隔湿

种子吸湿的途径主要有 3 个方面：即从空气中吸湿，地面返潮和漏进雨雪。因此，防潮隔湿的工作应着重抓好这 3 个环节。

种子能不断从空气吸收和散发水汽，使种子内水汽压与空气中水汽压趋向平衡。空气湿度大，种子很容易吸收湿气。这种情况虽发生在种子堆的上层，但由于吸湿的机会多，接触面大，如不加注意，也会影响种子的安全贮藏。要防止种子从空气中吸湿，就在密封性能好、外界温度高时，关闭门窗，防止湿气进入仓内。密闭时间要求长的，应该把门窗缝贴起来，增强密封效果；如密封性能差时，应用各种材料覆盖种子。

因仓库漏水，淋湿种子所造成的损失较大，特别是在雨季，要经常注意对仓库检查，以便及时发现问题，早加维修。对于已被雨水淋湿的种子，要及时进行干燥处理。

（二）种子库通风

种子贮存在仓库里，应进行适时通风，通风的作用在于加速种子堆内的气体交换，利用低温或干燥的空气来降低种子堆内的温度和湿度，以提高种子贮藏的稳定性。

应随时掌握库内的湿度和温度。通过打开门窗及原设计的各种通风道口，让库内外空气自然对流，即可达到通风的目的。也可以利用风机和风管组成的通风系统进行强制性的机械通风。能否通风的判断条件是：①库外大气湿度、温度低于库内湿度、温度时，可以通风。②库外大气温度与湿度有一项与库内相同，而有一项小于库内时，可以通风。③库外大气温度、湿度有一项高于库内，另一项低于库内时能否通风，应在计算仓内外绝对湿度进行比较后才能确定。若仓内绝对湿度高于仓外时，可以通风。反之，则不能通风。绝对湿度的计算方法是：绝对湿度（g/m^2）＝某温度时饱和气压×该温度时相对湿度（%）；也可以按以下原则进行合理通风：

晴通雨闭雪不通，滴水成冰可以通。

早通晚通午少通，夜有露水不能通。

（三）建立健全种仓管理制度

种子入库后，为了安全贮藏，建立健全的管理制度十分必要。需要建立的制度有：保管岗位责任制、安全保卫制度、清洁卫生制度、仓库检查制度。

1. 保管岗位责任制

饲草种子库要挑选责任心强、业务水平较高的人员专职管理，并建立种子堆卡片和保管账，做到品种、等级、产地、数量等的账、卡、物相符。同时建立种子档案制度，种子出入库、查仓、通风等都要进行登记。

2. 安全保卫制度

建立值班制度，及时排除不安全隐患，做好防火、防盗、防事故发生工作。

3. 清洁卫生制度

仓库内外要经常打扫、消毒，保持干净整齐。要求仓内六面光，仓外三不留（不留杂草、垃圾、污水）。种子出仓时，做到出一仓清一仓，防止混杂和感染病虫害。

4. 仓库检查制度

做好种子温度、种子含水量、种子发芽率、虫鼠霉变和仓库设施等的检查，做到种子安全贮藏，延长其寿命。仓库检查的步骤：开仓门，闻气味，看鼠、雀、虫迹；划区设点，安放测温测湿仪；扦样，以测水分、发芽率、虫情、净度等；观察温度、湿度测定结果；检查种仓安全性和卫生情况；写出查仓报告。

第七章　饲草种子检验

饲草种子是牧业生产最基本的物质资料，只有有了优质的饲草种子，才能保证牧业生产的顺利进行；同时种子质量的优劣对种植者来说影响其收益，对经营者来说影响其声誉效益，对管理者来说影响其市场监管的社会效益。而对种子质量优劣的判定是由检验工作来完成的，饲草种子检验作为检测种子质量的手段和方法，其结果是判断饲草种子质量优劣和调解种子质量纠纷的依据。

饲草种子检验（seed testing），是种子收获后在贮藏、收购、调运或播种前对每批种子应用科学、先进和标准的方法，对饲草种子的质量进行检测、鉴定、分析，以判断其质量优劣。饲草种子检验是对饲草种子质量进行全面控制和评定的主要手段。检测活动是否科学、客观、公平、公正直接影响着测定结果的准确性，进而影响质量判断的公正性。所以说，种子检验是保证种子质量（种子品质）的关键，特别是把种子作为商品流通后，种子检验工作就显得更为重要，所有种子的生产、加工、销售全部过程的质量，都须通过对种子进行检验确定。搞好饲草种子检验工作，严格控制饲草种子质量，加强饲草种子质量的管理对保证农业安全用种，保护牧业生产和农民的利益，有十分重要的意义。

种子检验是应用科学的方法对农牧业生产上的种子品质（seed quality）进行细致的检验、分析、鉴定，以判断其品质优劣的一门技术。而种子品质是由种子不同特性综合而成的概念，包括品种品质和播种品质两方面内容。品种品质（genetic quality）是指与遗传特性有关的品质（即种子内在品质），可用真、纯两个字概括。“真”是指种子真实可靠的程度，可用真实性表示。“纯”是指品种典型一致的程度，可用品种纯度表示。播种品质（sowing quality）是指种子播种后与田间出苗有关的品质（即种子外在品质），可用“净、壮、饱、健、干”五个字概括。“净”是指种子清洁干净的程度，可用净度表示。“壮”是指种子发芽出苗齐壮的程度，可用发芽力、生活力、活力表示。“饱”是指种子充实饱满的程度，可用千粒重（和容重）表示。“健”是指种子健全完善的程度，通常用病虫感染率表示。“干”是指种子干燥耐藏的程度，可用种子含水百分率表示。综上所述，种子检验的内容包括种子真实性、品种纯度、净度、发芽力（生活力）、活力、千粒重、种子水分和健康状况等。其中，纯度、净度、发芽率和水分四项指标为种子质量分级的主要标准，是种子收购、种子贸易和经营分级定价的依据。

饲草种子检验的意义在于：①保证种子质量，保证饲草出苗率和增加产量；② 保证种子贮藏、运输期间的安全；③防治病虫害和杂草种子的传播蔓延；④是推行种子标准化和实施种子法的保证。

种子检验是按照国家规定的种子检验规程进行的。种子检验规程是国家各级政府部门或企业颁布有关种子质量检验的方法、步骤、结果计算等的规定。种子检验规程具有统一性、可重复性、公众认可性和准确性。我国饲草种子检验规程由 GB/T 2930. 1 – 2001 – 2930. 11 等 11 个系列标准构成，就其内容可分扦样、检测和结果报告 3 部分（图 7 – 1）。

①扦样部分：种子批的扦样程序、实验室分样程序、样品保存。

②检测部分：净度分析（包括其他植物种子的数目测定）、发芽试验、真实性和品种纯度鉴定、水分测定、生活力的生化测定、重量测定、种子健康测定、包衣种子检验。

③结果报告：容许误差、签发结果报告单的条件、结果报告单。其中，检测部分的净度分析、发芽试验、真实性和品种纯度鉴定、水分测定为必检项目，生活力的生化测定等其他项目检验属于非必检项目。

第一节　种子扦样

扦样（Sampling）：又称为取样或抽样，采用徒手或借助于扦样器从一批一定重量的饲草种子中取得一个能够准确代表被检种子的质量状况，数量适合的、用于检验的样品。

扦样的目的是从一批大量的种子中，扦取适当数量的有代表性的送验样品供检验之用。扦样是否正确，样品是否有代表性，直接影响到种子检验结果的准确性。检验结果准确性取决于扦样技术和检验技术，而扦样是先决条件，如果扦样未按规定程序进行，样品没有代表性，那么，检验技术无论怎

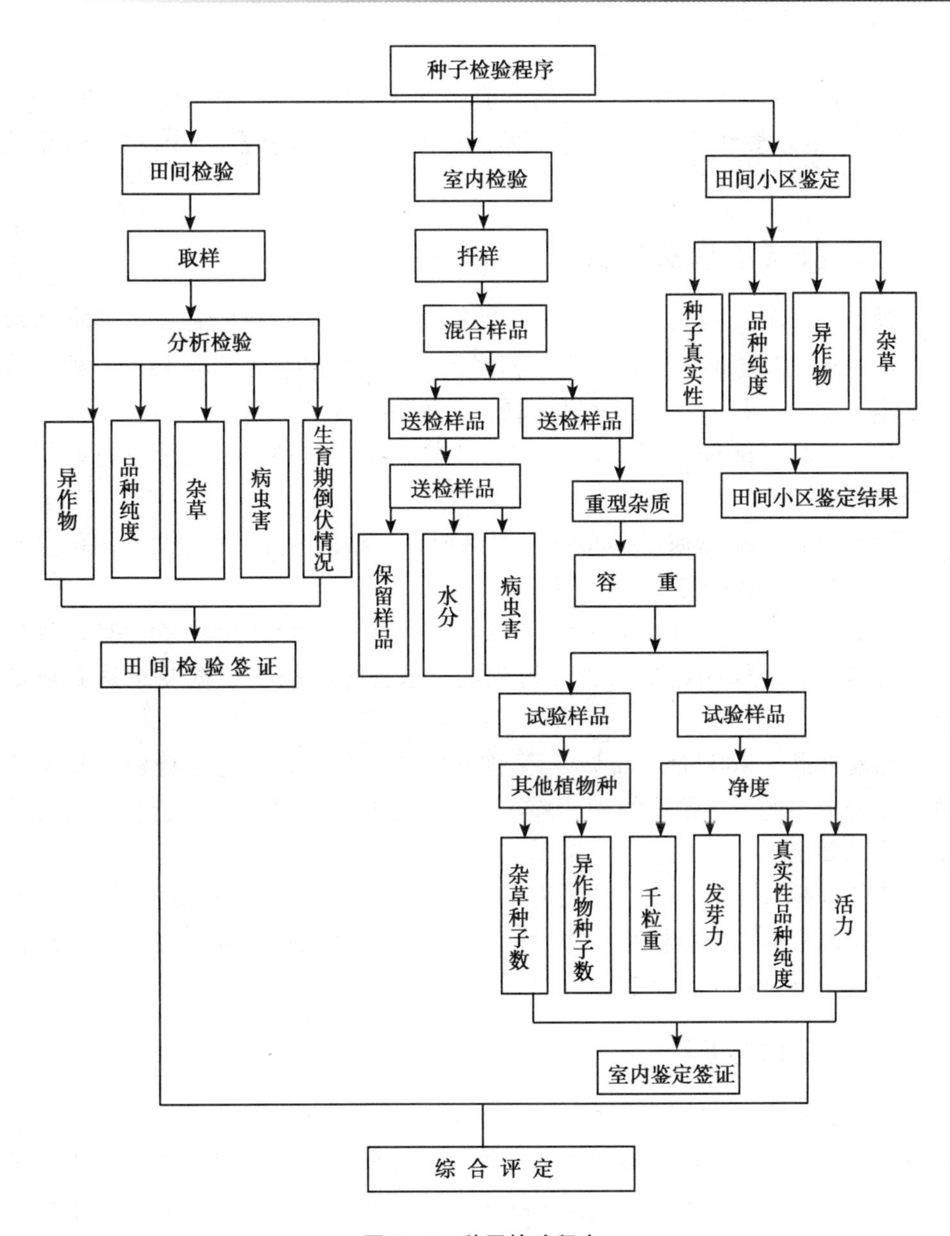

图 7－1　种子检验程序

样正确，也难以获得正确的检验结果。因此，对扦样工作要予以高度重视，必须尽量设法保证送到检验室（站）的样品能准确地代表该批被检验的种子成分，同样在实验室分样时，也要尽可能设法使获得的试验样品能代表送验样品。

种子扦样的一般程序：①准备器具；② 检查种子批；③ 确定扦样频率；④ 选择扦样方法和仪器扦取初次样品；⑤配置混合样品；⑥ 送验样品的制备。

一、扦样的有关定义

种子批（seed lot）：指一批规定数量的，且形态一致的种子，要求其种或品种一致，繁殖世代和收获季节相同，生产地区和生产单位相同，种子质量基本一致。一般一个种子批只扦取一个送验样品。

初次样品（primary sample）：又称小样，是指从种子批一个点扦取的一小部分种子。

混合样品（composite sample）：又称原始样品，由同一种子批扦取的全部初次样品混合而成的种子。

送验样品（submitted sample）：又称平均样品，指送交种子检验室的样品，通常是混合样品适当减少后得到的。送验样品应当根据要求达到最低重量。

试验样品（working sample）：又称试样或工作样品，是在检验室从送验样品中分取出的一定重量的种子样品，用于分析某一种子质量指标，也有最低重量的要求。

次级样品（sub-sample）：采取一定分样方法分取的一部分样品。例如，由混合样品分取的送验样品，或由送验样品分取的试验样品，或从上一级试验样品到下级试验样品，都称为次级样品。

二、扦样原则

扦样是种子检验的第一步，其目的是取得一个大小合适于种子检验的送验样品，要求种子样品必须有真实无偏的代表性。所以，对待扦样工作必须高度重视、严肃认真。因此，为了扦取有代表性的样品，扦样工作必须按以下原则进行。

（1）应当使种子批各件之间或各部分之间种子质量基本一致。如果种子质量分布不均匀，扦样前必须充分混合。

（2）扦样点要均匀分布在整个种子批，扦样部位既要有垂直分布，也要有水平分布。

(3) 每个扦样点扦取的样品数量要基本一致。

(4) 扦样工作必须由经过专门训练的扦样员担任。

三、扦样器

种子扦样的方法取决于种子的种类、种子堆积方式及扦样器的种类和构造。根据种子的大小、种子的易流动性和包装情况，使用不同的扦样工具和方法。

1. 单管扦样器

单管扦样器由金属制成，管上有纵形槽状的切口，槽长和槽宽有不同的尺寸，适应各种种子，管的先端尖锐，便于插入袋中。有的扦样器管的末端装上空心手柄，以便流出种子，有的则没有空心手柄，种子保留在槽中，随扦样器带出 [图 7-2 (1)]，该扦样器适用于中、小粒种子。单管扦样器可制成不同的尺寸，只用一个有尖端的管，长度能达到袋的中心，近尖端处有一个卵圆形孔，扦插样品时，尖头向上孔洞向下，直到袋的中心，将扦样器旋转 180°，使孔洞向上，然后用慢速扦出。检验器的内壁愈光滑，则种子流动愈畅。

2. 羊角扦样器

羊角扦样器是金属制成的管子，管径和凹槽大，扦头弯曲呈羊角形，所以称为羊角器 [图 7-2 (2)]。其扦头较短粗，不能深入麻袋的内部，适用于中粒种子的取样。

3. 双管式（手杖式）扦样器

双管扦样器是最常用的工具。用于苜蓿、三叶草等易流动的种子扦样，长度 762mm，外径 12.7mm，开 9 个孔。由两个金属管组成的筒形，先端为尖圆锥形 [图 7-2 (3)]。其中一个管较大，套在另一个管的外面。内管的末端连接握柄，可使外管绕着内管旋转。两管在相同的位置上有相同椭圆形小孔，孔与孔之间有横隔，形成单独的小室。旋转内管可使两管的小孔相合，反转可使小室关闭。扦样时，将扦样器插入扦样点，打开小孔，当种子流入小室，关闭小孔，随后取出扦样器。其优点是一次扦样可以从各层分别取出样品。取样根据不同容器选取不同长短和孔径的扦样器：袋装种子扦样时，①自由流动的小粒种子，采用管长 762mm，外径 12.7mm，9 孔；②禾谷类种

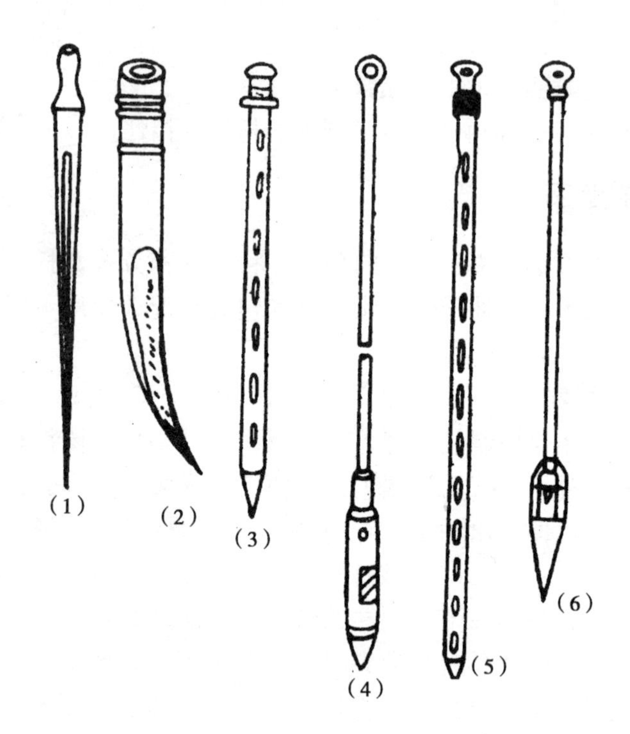

图 7-2　袋装、散装种子扦样器

(1) 单管扦样器；(2) 羊角扦样器；(3) 双管扦样器；(4) 长柄短筒圆锥形扦样器；(5) 圆筒形扦样器；(6) 圆锥形扦样器（张春庆，2008）

子，管长 762mm，外径 25.4mm，6 孔；③仓柜或散装种子扦样时，管长达 1 600mm，直径 38mm，6 孔或 9 孔。

4. 长柄短筒圆锥形扦样器

用金属制成，分长柄和扦样筒两部分。长柄有实心和空心两类，柄长 3m 左右，分为 3~4 节，节与节之间有螺丝连接，根据种子堆的高度可增减，最后一节有圆形的握把，扦样筒由圆锥体、套筒、进种门、活动塞、定位鞘等部分组成［图 7-2（4）、图 7-2（5）］。适用于稻麦种子的扦样，每次可扦样麦类 30g。其优点是扦头小，容易插入，柄长的调节灵活等。

5. 圆锥形扦样器

此种扦样器由金属制成，分两个主要部分，活动手柄和一个下端尖锐的倒圆锥形套管组成［图 7-2（6）］。柄长 1.5m，柄的下端连接套筒盖，可沿支杆上下自由活动。扦样器的手柄压紧可盖住套筒，拉上手柄，使套筒盖升起，此时略为振动，种子即可掉入套筒内。该种扦样器专供种子柜、汽车和车厢中散装种子的扦样，并适合大粒种子扦样。其优点是每次扦取的种子量大，其缺点是圆锥体比较大，插入种子堆和拔出种子堆时较费力。

6. 徒手扦样

对于不易流动的种子，带有稃壳的种子最好的扦样方法是徒手扦样（图7－3）。扦样时要手指合拢，握紧种子，以免种子漏掉。如果种子层太厚，徒手扦样很难获取小层的种子，可将种子全部或部分倒出来扦样，然后再装回。徒手扦样适用于某些属的植物种子，如冰草属、鹝股颖属、看麦娘属、燕麦草属、雀麦属、虎尾草属、狗牙根属、鸭茅属、羊茅属、黑麦草属、早熟禾属、结缕草属、黍属和雀稗属。

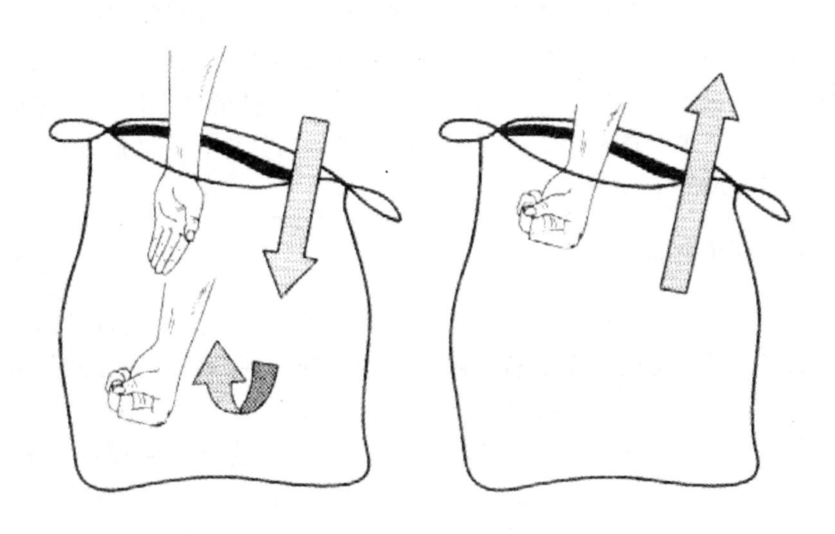

图7－3 徒手扦样

扦样器均为尖头形状，以便插入种子。适用于袋装种子扦样的有单管扦样器、羊角扦样器；适用于散装种子扦样的有长柄短筒圆锥形扦样器和圆筒形扦样器；双管扦样器袋装和散装的种子都可使用。扦样时一定要注意避免种子损伤。扦样过程中要及时将容器破坏的部分恢复、修补或者重新包装。对于粗麻袋或其他类似的编织包装袋，可在取出扦样器后，用扦样器尖端在孔洞上下左右拔几下，使编织线重新合并，关闭孔洞。对于密封纸袋或塑料袋，可以在袋上穿孔，然后用特制的黏性补丁将空口封闭。对于铁罐包装，可以打开铁罐取得初次样品，再将铁罐重新封口。若密封包装在扦样过程中被破坏，可将扦样后的种子转移至新容器中。

四、扦样方法

扦样前受检验单位应提出申请，申请项目包括被检种子的种或品种名称、种子批数量、产种单位、存放地点、检验项目。

扦样员必须实地观察种子批的贮藏环境和包装状况，对受检种子有全面的了解，核实种子与申请单上所填各项是否符合，查看相关文件记录。具体包括：种子的来源、产地、品种、繁育次数、田间纯度、有无检疫性病虫及杂草种子；种子贮藏期间的仓库管理情况，如入库前处理、入库后是否熏蒸、翻仓、受潮、手动等；同时要观察仓库环境、库房建设、虫、鼠以及种子堆放和配置情况，供划分种子批参考。种子批的排列要方便扦样员接近种子批的各个部分。如果种子包装容器不合格、种子批没有可供识别的标识，或能明显地看出该批种子在形态上或文件记录上有异质性的证据时，扦样员可以拒绝扦样，或要求对该种子批进行适当的处理后再扦样。扦样最好利用装卸、进出仓时或在场院上进行。

（一）初次样品的扦取

种子批划分后，根据种子批的堆放方式和种子的种类决定扦样的部位和扦样的数量。扦样点的分布要符合随机、均匀的原则。初次样品的扦取主要有袋装种子扦样、散装种子扦样。

袋装种子扦样：种子呈堆积状态，扦样点应均匀分布在种子堆的上、中、下各个部位。若种子在收购、调运、加工和装卸过程中，应根据种子批的总袋数和应扦袋数间隔一定的袋设置扦样点（表 7－1 和表 7－2）。根据种粒的大小、形状、光滑程度来选择合适的扦样器。中小粒种子用单管扦样器，先用扦样器尖端扒开麻袋线孔，扦样器凹槽向下从袋的一角向对角线的一角插入，待扦样器全部扦入后，将凹槽反转向上抽出扦样器，从空心手柄中流出适量种子，并将麻袋扦孔拔好。大粒种子可拆开袋口，用双管扦样器扦样，扦样器插入前应关闭孔口，插入后打开孔口，种子落入孔内，再关闭孔口，抽出袋外，缝好麻袋拆口。

表 7－1 种子批总袋数和应扦袋数［100kg 以下种子袋（容器）］

种子批袋数（容器数）	应扦取的最低袋数
1～4	每个容器至少扦取 3 个初次样品
5～8	每个容器至少扦取 2 个初次样品
9～15	每个容器至少扦取 1 个初次样品
16～30	共取 15 个初次样品
31～59	共取 20 个初次样品
60 以上	共取 30 个初次样品

（GB/T 2930.1—2001）

表 7－2 大于 100kg 种子袋（容器）扦样数目

种子批数量（kg）	最低扦样数目
500 以下	不少于 5 个初次样品
501～3 000	每 300kg 扦样取 1 点，但不少于 5 个
3 001～20 000	每 500kg 扦样取 1 点，但不少于 10 个
20 001 以上	每 700kg 扦样取 1 点，但不少于 40 个

（GB/T 2930.1—2001）

散装种子扦样点分布为四角加中心点，高不足 2m，分上下两层；高 2～3m，分上、中、下三层，上层距顶 10～20cm，中层在中心部位，下层距底 5～10cm。扦样点数量根据种子批的数量确定（表 7－3）。散装种子常用长柄短筒圆锥形扦样器，按照扦样点的位置和层次逐点逐层进行，先扦上层，中层，后扦下层，这样可避免先扦下层时使上层种子混入下层，影响扦样的正确性。

表 7－3 散装种子数量和扦样点数

国家标准		国家标准	
种子批大小（kg）	扦样最低点数	种子批大小（kg）	扦样最低点数
50 以下	不少于 3 个点	5 001～20 000	每 500kg 至少扦 1 点
51～1 500	不少于 5 个点	20 001～28 000	不少于 40 点
1 501～3 000	每 300kg 至少扦 2 点	28 001～40 000	每 700kg 至少扦 1 点
3 001～5 000	不少于 10 点		

（续表）

国家标准		国家标准	
种子批大小（kg）	扦样最低点数	种子批大小（kg）	扦样最低点数
500 以下	至少扦取 5 个初次样品	3 001～20 000	每 500kg 扦取 1 个初次样品，但不得少于 10 个
501～3 000	每 300kg 扦取 1 个初次样品，但不得少于 5 个	20 001 以上	每 700kg 扦取 1 次初次样品，但不得少于 40 个

（GB/T 2930.1—2001）

如果种子装在小容器中，如金属罐、纸板箱或零售小包装里，以 100kg 的重量作为扦样的基本单位，小容器合计重量不超过这个重量。如 20 个 5kg 的容器，33 个 3kg 的容器，或 100 个 1kg 的容器。将每个单位作为一个容器，按表 7－1 扦样数量要求进行扦样。从超过 100kg 的容器或正在装入容器的种子中扦样时，表 7－2 作为扦样数量最低要求。

（二）混合样品的配制

从每个扦样点扦取的初次样品，分别按顺序倒在预先准备好的样品布上，样品布可有普通布或塑料布制成，样品布上面按初次样品量的大小，画成棋盘格式，每格标上样品顺序号。当扦样完毕，每个格中方有一个初次样品。仔细观察每个初次样品，确认全部样品基本均匀一致后，将初次样品合并组成混合样品。

（三）送检样品的配制

送检样品是送到检验机构供检验的样品，不同的检验项目要求不同的数量，所以，送检样品必须达到该项目规定的最低标准，如供净度分析的送检样品中至少含有 2 500个种子单位的种类，而供其他植物种子数目测定的送检样品则为上述数量 10 倍（表 7－4）。如果混合样品与送检样品规定数量相等时，可将混合样品直接作为送检样品。一般混合样品较多，应选取它的次级样品作为送检样品，即经多次对分递减法分取，直至达到规定数量为止。送检样品的分取采用机械分样和徒手分样，常用的机械分样器有钟鼎式、横格式和电动分样器。

表 7－4　饲草种子样品重量

学名	中文名	送检样品最低重量（g）	净度分析最低重量（g）	每克种子近似数目（粒）
1. *Achnatherum sibiricum*	西伯利亚羽茅	150	15	280
2. *Achnatherum splendens*	芨芨草	50	5	1 000
3. *Agropyron cristatum*	冰草	40	4	690
4. *Agropyron desertorum*	沙生冰草	50	5	430
5. *Agropyron mongoliem*	蒙古冰草	50	5	350
6. *Agropyron sibiricum*	西伯利亚冰草	150	15	260
7. *Agrostis alba*	小糠草	25	2. 5	10 700
8. *Alopecurus pratensis*	草原看麦娘	100	10	770
9. *Leymus chinensis*	羊草	150	15	420
10. *Leymus secalinus*	赖草	150	15	200
11. *Anthoxaanthum odoratum*	黄花茅	25	2	—
12. *Artemisia frigida*	冷蒿	25	2. 5	10 000
13. *Artemisia sphaerocephala*	白沙蒿	50	5	1 340
14. *Astragalus adsurgens*	沙打旺	100	10	720
15. *Astragalus melilotoides*	草木樨状黄芪	150	15	400
16. *Astragalus sinicus*	紫云英	50	5	1 050
17. *Bromus catharticus*	扁穗雀麦	20	20	110
18. *Bromus inermis*	无芒雀麦	70	7	320
19. *Bromus japonicus*	日本雀麦	100	10	440
20. *Bromus macrostachys*	大穗雀麦	150	15	230
21. *Bromus richardsonii*	宽穗雀麦	70	7	295
22. *Caragana arborescens*	蒙古锦鸡儿	500	100	30
23. *Caragana microphylla*	小叶锦鸡儿	500	100	26
24. *Chloris gayana*	无芒虎尾草	25	2. 5	4 720
25. *Cicer arietinum*	鹰嘴豆	1 000	500	2
26. *Coronilla varia*	小冠花	100	10	—
27. *Cynodon dactylon*	狗牙根	25	1	—
28. *Dactylis glomerata*	鸭茅	30	3	950
29. *Desmodium intortum*	绿叶山蚂蝗	100	10	700

（续表）

学名	中文名	送检样品最低重量（g）	净度分析最低重量（g）	每克种子近似数目（粒）
30. *Desmodium uncinatum*	银叶山蚂蝗	150	15	175
31. *Elymus Canadensis*	加拿大披碱草	110	11	200
32. *Elymus dahuricus*	披碱草	100	10	240
33. *Elymus excelsus*	肥披碱草	100	10	260
34. *Elymus nutans*	垂穗披碱草	100	10	300
35. *Elymus sibiricus*	老芒麦	100	10	220
36. *Elytrigia elongatum*	高长偃麦草	150	15	170
37. *Elytrigia intermedia*	中间偃麦草	150	15	180
38. *Elytrigia repens*	速生草	100	10	420
39. *Elytrigia trichophora*	毛偃麦草	150	15	180
40. *Eragrostis curvula*	弯叶画眉草	10	1	3 270
41. *Eragrostis ferruginea*	知风草	10	1	3 200
42. *Eragrostis pilosa*	画眉草	10	1	3 000
43. *Eurotia ceratoides*	优若黎	150	15	250
44. *Festuca arundinacea*	苇状羊茅	50	5	460
45. *Festuca elatior*	高牛尾草	50	5	500
46. *Festuca ovina*	羊茅	20	2	1 170
47. *Glycine wightii*	威地黄大豆	150	15	160
48. *Hedysarum mongolicum*	蒙古岩黄芪	300	30	100
49. *Hedysarum scoparium*	细枝岩黄芪	300	30	30
50. *Hordeum brevisubulatum*	野大麦	100	10	450
51. *Lathyrus pratensis*	草原山黧豆	500	50	5
52. *Lathyrus tingitans*	坦尼尔山黧豆	300	30	13
53. *Lespedeza bicolor*	二色胡枝子	200	20	120
54. *Lespedeza hedysaroides*	细叶胡枝子	30	3	820
55. *Lolium multiflorum*	多花黑麦草	150	15	180
56. *Lolium perenne*	多年生黑麦草	50	5	530
57. *Lotus corniculatus*	百脉根	30	3	820
58. *Lupinus albus*	白羽扇豆	1 000	250	9

（续表）

学名	中文名	送检样品最低重量（g）	净度分析最低重量（g）	每克种子近似数目（粒）
59. *Lupinus luteus*	黄羽扇豆	1 000	250	9
60. *Macroptilium atropureum*	大翼豆	400	40	70
61. *Medicago Arabica*	褐斑苜蓿	50	5	550
62. *Medicago falcata*	黄花苜蓿	50	5	570
63. *Medicago hispida*	金花菜	70	7	380
64. *Medicago lupulina*	天蓝苜蓿	50	5	590
65. *Medicago media*	杂花苜蓿	50	5	540
66. *Medicago sativa*	紫花苜蓿	50	5	500
67. *Medicago truncatula*	截形苜蓿	50	5	500
68. *Melilotus albus*	白花草木樨	50	5	500
69. *Melilotus officinalis*	黄花草木樨	50	5	500
70. *Onobrychis viciaefolia*	红豆草	600	60	50
71. *Panicum maximum*	大黍	20	2	—
72. *Paspalum dilatatum*	毛花雀稗	40	4	620
73. *Paspalum wettsteini*	宽叶雀稗	30	3	—
74. *Phalaris arundinacea*	虉草	10	1	—
75. *Phleum pratense*	猫尾草	10	1	2 730
76. *Poa pratensis*	草地早熟禾	25	1	3 880
77. *Poa trivialis*	普通早熟禾	25	0. 5	460
78. *Polygonum divaricatum*	叉分蓼	300	30	100
79. *Psathyrostachys junceus*	俄罗斯新麦草	100	10	330
80. *Puccinellia tenuiflora*	小花碱毛	5	1	—
81. *Puccinellia chinampoensis*	朝鲜碱茅	5	1	—
82. *Roegneria foliosa*	多叶鹅观草	150	15	260
83. *Roegneria kamoji*	鹅观草	150	15	290
84. *Roegneria trachycaulon*	硬叶鹅观草	150	15	250
85. *Sorghum sudanense*	苏丹草	250	25	100
86. *Stylosanthes gracilis*	柱花草	150	15	350
87. *Stylosanthes humilis*	矮柱花草	100	10	280

（续表）

学名	中文名	送检样品最低重量（g）	净度分析最低重量（g）	每克种子近似数目（粒）
88. *Trifolium fragiferum*	草莓三叶草	50	5	770
89. *Trifolium hybridum*	杂三叶	30	3	1 350
90. *Trifolium lupinaster*	野火球	50	5	720
91. *Trifolium pratense*	红三叶	50	5	600
92. *Trifolium repens*	白三叶	20	2	2 000
93. *Trifolium subterranum*	地三叶	200	20	150
94. *Trigonella foenum-graecum*	葫芦巴	30	3	1 250
95. *Vicia amoena*	山野豌豆	400	40	70
96. *Vicia cracca*	草藤	400	40	70
97. *Vicia sativa*	春箭舌豌豆	500	150	19
98. *Vicia villosa*	冬箭舌豌豆	500	150	19
99. *Zoysia japonica*	结缕草	25	1	—

（GB/T 2930.1—2001）

1. 机械分样法

机械分样器有钟鼎式或圆锥式，有大、中、小不同类型，可用于大、中、小粒表面光滑种子的分样（图 7－4）。横格式分样器适合于大粒种子或表面粗糙的种子（图 7－5）。

2. 徒手分样

徒手分样适合于带有稃壳的饲草种子，有以下几种方法。

（1）四分法：将样品倒在光滑的玻璃板上，用分样尺将样品纵向横向混合均匀。后将种子平摊成四方形，用分样尺画两条对角线，使样品分成 4 份，再取两个对顶角三角形的样品混合成 1 份样品，再继续按上述方法分取，分样直至所需数量为止。

（2）随机杯法分样：特别适合于试验样品在 10g 以下的种子，并要求带稃壳较少或不易滚动的种子。把 6～8 个小杯随机放在一个盘上画定的方形格内，种子混合后，均匀倒在盘上的方形格内，落入杯内的种子作为试验样品。

（3）改良对分法：若干同样大小的方形小格组成一方框，装于一盘上，小格上方开口，下方每隔一格无底，种子均匀散在方格内。方格提出后，留在盘上的样品作为试验样品，如需要可继续按上述步骤分取。

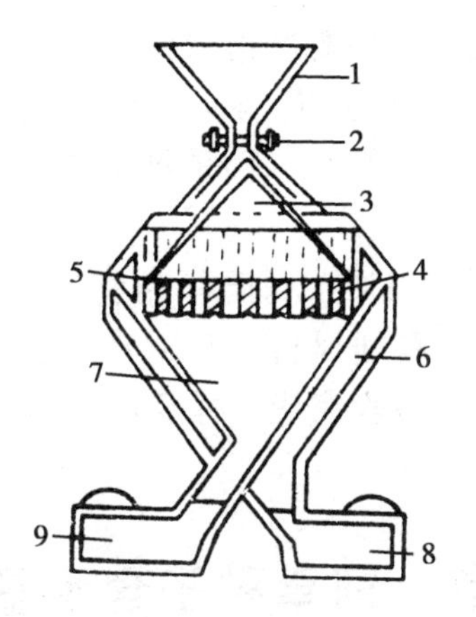

图 7－4　钟鼎式分样器

1. 漏斗；2. 活门；3. 圆锥体；4. 流入内层各格；5. 流入外层各格；6. 外层；7. 内层；8、9. 盛接器（颜启传，1992）

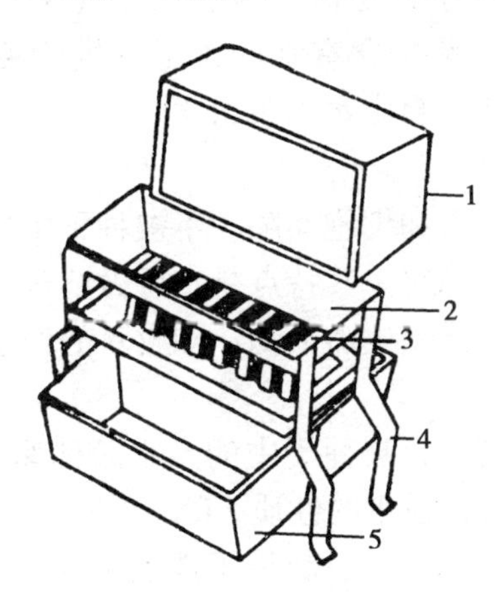

图 7－5　横格式分样器

1. 倾倒盘；2. 漏斗；3. 格子和凹槽；4. 支架；5. 盛接器（ISTA，1997）

（四）送验样品的处理

分取好的送验样品要按要求包装在适合的容器内。供测定水分用的送验样品或样品水分较低时，包装于防湿容器内。其他情况下，与发芽有关的送验样品可用布袋或纸袋包装，样品包装容器上的标签与种子批标签相符，种子经化学处理，需说明处理用的药剂名称。包装容器要认真保管，防止在运输过程中损坏或丢失。送验样品要严格封缄，并填写扦样证明书，其信息包括：受检单位名称、种子存放地点、种子存放方式、饲草种类、品种名称、繁殖代数、收获年份、批号、批次、种子批重量、检验项目、扦样日期、扦样人员等和扦样有关的信息。

为保持送验样品的原有品质，送验样品要尽快送到检验中心进行检验。不能立即检验的样品应保存在通风良好和凉爽的贮藏室内，尽量使种子质量的变化降到最低限度。样品检验完毕，样品应在能控制温度、湿度的专用房间保留一个生产周期。

第二节 饲草种子含水量测定

种子水分是种子质量标准中的四大指标之一。饲草种子水分的高低直接关系到种子安全贮藏和种子的寿命。种子水分（seed moisture content）也称种子含水量，是指种子样品中含有水的重量占供检种子样品重量的百分率，种子中的水分有两种形式，自由水和束缚水。

1. 自由水（游离水）

自由水是存在于毛细管和细胞间隙，不被种子中的胶粒吸引或吸引很小，能自由流动的水，含量不稳定。其特点是：可做溶剂；0℃以下能结冰；加热易干燥蒸发；能引起种子强烈生命活动；刚收获的种子自由水的含量高。

2. 束缚水（结合水）

束缚水是存在于细胞内，被种子中的亲水胶体紧紧吸引，不能自由流动的水。其特点是：不具有普通水的性质，0℃以下不结冰；只有加温加压才蒸发掉一部分；不能做溶剂；不易引起种子强烈生命活动；陈旧种子中束缚水的含量高。

种子中水分的存在状态与种子的生命活动密切相关：只存在束缚水时，新陈代谢极微弱，易贮藏；自由水出现，呼吸强度迅速升高，代谢旺盛，病虫滋生；达一定限度时种子开始萌发。所以种子含水量测定对指导种子收获、清选、药物熏蒸及种子贮藏、运输和贸易具有重要作用。测定饲草种子中的水分含量有多种方法，烘干减重测定法、电子仪器法、甲苯蒸馏法和预先烘干法。

一、烘干减重测定法

烘干减重测定法有高温烘干法和低温烘干法，两者的过程相同，区别在于烘干时的温度和烘干时间不同。测定方法如下：

1. 试样称取

先将铝盒编号，并在103℃烘箱内烘1h，然后在干燥器内冷却30～45min，取出样品盒称重并记录编号和盒重（M_1）。把送检样品充分混合后取两份重复试样，根据所用样品盒直径的大小，使每份试验样品重量达到下列要求：直径小于8cm取4～5g，直径等于或大于8cm取10g，称重保留3位小数。样品暴露在空气中时间不得超过30s。将需要磨碎的种子磨碎，烘干前应磨碎的种子种类及磨碎细度如表7－5所示。

表7－5　应磨碎的种子种类及磨碎细度

学名	中文名	磨碎细度
Avena sativa	燕麦	至少有50%的磨碎成分通过0.5mm筛孔，而留在1.0mm筛孔上的成分不超过10%
Hordeum bogdanii	布顿大麦	
Hordeum brevisubulatum	野大麦	
Hordeum vulgare	大麦	
Secale cereale	黑麦	
Sorghum sudanense	苏丹草	
Cicer arietinum	鹰嘴豆	需要粗磨，至少有50%的磨碎成分通过4.0mm筛孔
Lathyrus pratensis	草原山黧豆	
Lupimus albus	白羽扇豆	
Lupimus luteus	黄羽扇豆	
Vicia benghalensis	光叶紫花豆	
Vicia sativa	春箭舌豌豆	
Vicia villosa	冬箭舌豌豆	

（GB/T 2930.1—2001）

2. 烘干称重

将样品均匀地摊在盒底，并称样品和铝盒的重量（M_2），烘箱温度达到130～133℃时（高温烘干），将样品盒迅速放入烘箱，启开盒盖，开始计算烘干时间。样品烘干时间，禾谷类饲料作物需2h，饲草、草坪草及其他饲料作物需1h。烘箱温度为103℃±2℃（低温烘干法），开始计时，烘干8h。到达规定时间后，将样品盒盖上盖放入干燥器冷却30～45min，而后连同样品盖一起称重（M_3）。称重时室内相对湿度应低于70%。

3. 结果计算

$$种子水分(\%) = \frac{M_2 - M_3}{M_2 - M_1} \times 100$$

式中：M_1——样品盒和盖的重量，g；

M_2——样品盒和盖及样品的烘前重量，g；

M_3——样品盒和盖及样品的烘后重量，g；

两次测定结果的差距不得超过0.2%，如差距超过此数，必须重新测定。

二、预先烘干法

如果是需要磨碎的种子，且其水分含量高于17%应预先烘干。称取两个次级样品，每个样品至少称取25g±0.2mg，放入已称过的样品盒内，将这两个次级样品放在130℃恒温箱内预烘5～10min，使水分降至17%以下，然后将初步干燥过的样品放在实验室内摊晾2h，随后称重。水分超过30%时，样品应放在温暖处（如加热的烘箱顶上）烘干过夜。计算第一次失去的水分百分率S_1，后将预烘的种子研磨后用130℃烘箱法进行水分测定，测得第二次失去的水分为S_2。则样品的原始水分百分率计算如下：

$$种子水分(\%) = S_1 + S_2 - S_1 \times S_2$$

式中：S_1——第一次整粒种子烘后失去的水分百分率；

S_2——第二次磨碎种子烘后失去的水分百分率。

三、电子仪器法

用仪器对被检种子直接进行测定，电子仪器法有红外线快速水分测定仪、卤素快速水分测定仪，常用的是红外线快速水分测定仪（图7-6）。

1. 红外线种子水分测定仪工作原理

种子水分测定仪在测量样品重量的同时，红外加热单元和水分蒸发通道快速干燥样品，在干燥过程中，水分仪持续测量并即时显示样品丢失的水分含量%，干燥程序完成后，最终测定的水分含量值被锁定显示。与国际烘箱加热法相比，红外加热可以最短时间内达到最大加热功率，在高温下样品快速被干燥，其检测结果与国标烘箱法具有良好的一致性，具有可替代性，且检测效率远远高于烘箱法。

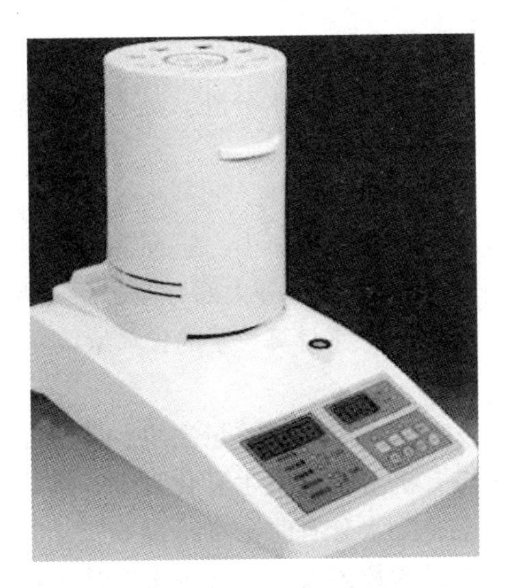

图 7-6　红外线水分测定仪

2. 红外线种子水分测定仪的特点

能在最短时间内达到最大加热功率，操作简单，测试准确，显示值清晰可见，分别可显示水分值、样品初值、终值、测定时间、温度初值、最终值等数据，能与计算机、打印机连接。一般种子的测定 3～5min 就能完成。

3. 测定过程

①放上砝码到样品盘正中间，仪器显示 ±0.02 之内可以直接进行测试，否则需要进行校准。②取粉碎好的种子放在样品盘正中间。③盖上加热筒，按“↑”存贮重量，按测试键开始工作。④测试完成后，水分测定仪自动报警，按“显示”，每按一次可以显示不同参数。⑤先按“清除”键，后按“置零”键，清除上次测试数据，温度下降至 30℃时可进行第二次实验测定。

四、甲苯蒸馏法

这是一种较常用的化学测定水分的方法，利用与水分不相溶的溶剂（甲苯、二甲苯）组成沸点较低的二元共沸体系，将试样中的水分蒸馏出来。测量精度比一般干燥法略高，主要用于油脂中水分测量和含有挥发性物质的测定。由于该方法容器壁易附着蒸馏出来的水分，所以会造成一定的误差。

1. 甲苯蒸馏法的原理

把不溶于水的有机溶剂和样品放入蒸馏式水分测定装置中加热，试样中的水分与溶剂蒸汽一起蒸发，把这样的蒸汽在冷凝管中冷凝，由水分的容量而得到样品的水分含量。这种方法用于测定样品中除水分外，还有大量挥发性物质，例如，醚类、芳香油、挥发酸、CO_2 等。

2. 测定步骤

准确称 2.00～5.00g 样品放于 250ml 水分测定蒸馏瓶中，加入 50～75ml 有机溶剂。接好蒸馏装置后，缓慢加热进行蒸馏。直至水分大部分蒸出后，再加快蒸馏速度，直到刻度管水量不再增加，读出读数来计算种子的含水量。

3. 蒸馏法的优缺点

蒸馏法有①热交换充分；②受热后发生化学反应比重量法少；③设备简单，管理方便等优点。其缺点是：①水与有机溶剂易发生乳化现象，造成误差；②样品中水分可能会完全挥发不出来；③水分有时附在冷凝管壁上，造成读数误差。在测定时对分层不理想，造成读数误差，可加少量戊醇或异丁醇可防止出现乳浊液。

第三节　饲草种子净度分析

种子净度（purity）指种子清洁干净的程度，具体是指样品中除去杂质和其他植物种子后留下本作物（种）净种子重量占分析样品总重量的百分率。

净度分析的目的是通过对样品的分析，推断种子批的组成情况，并鉴定组成样品的各个种和杂质的特性，为种子清选、分级和计算种子用价提供依据；同时分离出的净种子为其他项目的分析提供样品。

一、饲草种子净度分析标准

净度分析有精确法和快速法。精确法是将样品分为好种子、废种子、有生命杂质和无生命杂质 4 种成分。但因分析结果误差较大已淘汰。快速法是将样品分为净种子、其他植物种子和杂质。此法技术简单、主观性小、结果误差小，国际种子检验规程就属于快速法。

1. 净种子（pure seed-PS）

从种类上看是指送验者所叙述的或由实验室分析得到的完整的良好种子，包括该种的全部植物学变种和栽培品种；从构造上看是指完整的种子单位和大小比原来大小一半大的破损种子单位（表 7－6）。饲草净种子应包括下列几类。

①瘦小、皱缩的，能明确鉴别它们是属于所分析种的种子。

②“种子”（包括植物学上的果实或果实相似的构造），不管它是否有真实种子存在，均属净种子。

③破损种子，其大小超过原来大小一半的。但其种皮全部脱落者，应作为无生命杂质。

④禾本科饲草种子脱去护颖及内外颖的裸粒颖果。

⑤鸭茅（*Dactylis glomerata*）复合小花重量的4/5，并至少含有一粒颖果。

⑥草地早熟禾（*Poa pratensis*）经过均匀的风力吹风3min后，留存在重的部分中的小花及颖果包括：完整的单个或复合小花。

2. 其他植物种子（other seed-OS）

指净种子以外的任何植物种类的种子单位，其鉴别标准与净种子标准基本相同。除所分析种的种子以外，均应作为其他植物种子。

①凡公认或习惯上认作杂草之植物种。

②某些作物的种子，异种种子。

③菟丝子的检查。其种胚成螺旋状弯曲，无胚根及子叶，要用8～10倍放大镜，根据形态学特征辨认。紫花苜蓿和三叶草要用100g种子专门检查菟丝种子含量并单独记明含量百分率。

3. 杂质（impurity-I）

除净种子和其他植物种子以外的所有种子单位、其他杂质及构造。包括土壤、沙、石、颖壳、茎、叶、虫瘿、真菌体（如麦角、菌核、黑穗病孢子团）等。

表7－6　主要饲草净种子的鉴定标准

编号	属名	净种子标准
1.	豌豆属、紫云英属、苜蓿属、草木樨属、三叶草属、锦鸡儿属、鹰嘴豆属、山蚂蝗属、野豌豆属、百脉根属、猪屎豆属、羽扇豆属、山黧豆属、巴属、岩黄芪属、木豆属、银合欢属	（1）附着部分种皮的种子 （2）附着部分种皮而大小超过原来一半的破损种子

（续表）

编号　属名	净种子标准
2. 红豆草属、胡枝子属、柱花草属	（1）含有一粒种子的荚果，胡枝子属或不带萼片 （2）柱花草属带或不带喙
3. 冰草属、狗牙根属、雀麦属、画眉草属、猫尾草属、洋狗尾草属、发草属、三毛草属	（1）内外稃包着颖果的小花，有芒或无芒（匍匐冰草小花的颖果长度，从小穗轴基部量起，至少达到内稃长的1/3） （2）颖果 （3）大小超过原来一半的破损颖果
4. 黄花茅属、虉草属	（1）内外稃包着颖果的小花，附着不育外稃，有芒或无芒（虉草属中如有突起花药也包括在内） （2）颖果 （3）大小超过原来一半的破损颖果
5. 黑麦草属、羊茅黑麦草、羊茅属、鸭茅属、落草属	（1）黑麦草属、羊茅黑麦草、羊茅属、鸭茅属复粒种子单位分开称重 （2）内外稃包着颖果的小花，有芒或无芒（黑麦草属、羊茅黑麦草、羊茅属至少达到内稃长的1/3） （3）颖果 （4）大小超过原来一半的破损颖果
6. 看麦娘属、翦股颖属	（1）颖片、内外稃包着一个颖果的小穗，有芒或无芒 （2）由内外稃包着颖果的小花，有芒或无芒（看麦娘属可缺内稃） （3）颖果 （4）大小超过原来一半的破损颖果
7. 绒毛草属、燕麦草属	（1）内外稃包着一个颖果的小穗（绒毛草属具颖片），附着雄小花，有芒或无芒 （2）由内外稃包着颖果的小花 （3）颖果 （4）大小超过原来一半的破损颖果
8. 黍属、雀稗属、稗属、狗尾草属、地毯草属、臂形草属、糖蜜草属	（1）颖片、内外稃包着一个颖果的小穗，并附着不育外稃 （2）由内外稃包着颖果的小花 （3）颖果 （4）大小超过原来一半的破损颖果
9. 结缕草属	（1）颖片（第一颖缺，第二颖完全包着膜质内外稃）和内外稃（有时内稃退化）包着一个颖果的小穗 （2）颖果 （3）大小超过原来一半的破损颖果
10. 玉米属、黑麦属、小黑麦属	（1）颖果 （2）大小超过原来一半的破损颖果

（续表）

编号	属名	净种子标准
11.	早熟禾属、燕麦属	（1）内外稃包着一个颖果的小穗，并附着不育小花，有芒或无芒 （2）内外稃包着颖果的小花，有芒或无芒 （3）颖果 （4）大小超过原来一半的破损颖果
12.	虎尾草属	（1）内外稃包着一个颖果的小穗，并附着不育小花，有芒或无芒，明显无颖果的除外 （2）内外稃包着颖果的小花，有芒或无芒，明显无颖果的除外 （3）颖果 （4）大小超过原来一半的破损颖果
13.	狼尾草属、蒺藜草属	（1）带有刺毛总苞的具1～5个小穗（小穗含颖片、内外稃包着的一个颖果，并附着不育外稃）的密伞花序或刺球状花序 （2）内外稃包着颖果的小花（蒺藜草属带缺少颖果的小穗和小花） （3）颖果 （4）大小超过原来一半的破损颖果
14.	须芒草属	（1）颖片、内外稃包着一个颖果的可育小穗，有芒或无芒，并附着不育外稃、不育小穗的花梗、穗轴节片 （2）颖果 （3）大小超过原来一半的破损颖果

（ISTA，1999）

二、饲草种子净度分析方法

（一）大型混杂物的检查

在送验样品（或至少是净度分析试样重量的10倍）中，若有与供检种子在大小或重量上明显不同且严重影响结果的混杂物，如石块、土块或小粒种子中混有大粒种子等，应先过筛或挑出这些重型混杂物并称重，再将重型混杂物分为其他植物种子或杂质，计算重型杂质百分率（D）。

D（%）$=m/M\times 100$

式中：D——重型杂质百分率，%；

M——分析重型杂质的样品重，g；

m——重型混杂物重，g。

（二）试样的分取

净度分析时试样重量要按照表7－4规定的试样最低重量来称取，如果重量太小则缺乏代表性，太大则分析费时。大约2 500粒种子的重量就具有代表性。用分样器把送验样品按照规定重量分取两份或规定重量一半的两份试样（称半试样）。试样称重的精确度（小数保留位数）按表7－7决定。

表7－7 试样称重的精确度

试样重量（g）	小数位数
1.000 0 以下	4
1.000～9.999	3
10.00～99.99	2
100.00～999.9	1
1 000 或以上	0

（GB/T 2930.2—200）

（三）试样的分析

借助筛子来区别净种子、其他植物种子和杂质。筛子要两层，上层筛孔要大于分析的种子，用于分离较大杂质；下层为小孔筛，分离细小杂质。试样导入筛后，加筛盖摇动。留在上层筛内的有茎、叶等较大杂质，小孔筛内的有净种子和大小类似的其他成分，筛下的为细沙、泥土和其他细小植物种子。

在净度分析台上，用手持放大镜或双目显微镜、反光透视仪、均匀吹风机等对各层筛上物质进行分离检查。分离时必须根据种子的明显特征，对样品中的各个种子单位进行仔细分析，并依据形态学特征、种子标本等加以鉴定。种皮或果皮没有明显损伤的种子单位，不管是空瘪或充实，均作为净种子或其他植物种子；若种皮或果皮有一个裂口，操作人员必须判断留下的种子单位的部分是否超过原来大小的一半。将净种子、其他植物种子、杂质按照其分析标准分开，分别放入相应的容器里。

（四）结果计算

试样分析结束后，把净种子、其他植物种子和杂质分别称重。并计算各种成分所占重量的百分率，这个百分率是各种成分重量的总和，不是试验样品的原来重量。各种成分重量的总和必须与原来重量相比较，以核对是否有物质损耗或其他误差。若损耗差距超过分析前最初重量的5%，必须重新分析。

两份试样的任一成分重复分析间的相差不得超过表7-8所示的容许差距。若所有成分的实际差距都在容许范围内，则计算每一成分的平均值。如某一成分的实际差距超过容许范围，则再重新分析成对半试样，直到一对各成分的差距均在容许范围内为止。

若无重型杂质，净度分析结果应按下式计算：

种子净度　P_1（%）$=P/(P+OS+I)\times 100$

其他植物种子　OS_1（%）$=OS/(P+OS+I)\times 100$

杂质　I_1（%）$=I/(P+OS+I)\times 100$

注：上式分母应为分析后的各成分重量之和；又分全试样和半试样法，前者%保留到一位小数，后者保留二位小数。

当送验样品中含重型杂物时，净度分析结果应按下式计算：

净种子　P_2（%）$=P_1\times(M-m)/M$

其他植物种子 OS_2（%）$=OS_1\times(M-m)/M+m_1/M\times 100$

杂质　I_2（%）$=I_1\times(M-m)/M+m_2/M\times 100$

式中：M——送验样品重，g；

m——重型混杂物重，g；

m_1——重型混杂物中其他植物种子重，g；

m_2——重型混杂物中杂质重，g；

P_1——除去重型杂物后净种子重量，%；

OS_1——除去重型杂物后其他植物种子重量，%；

I_1——除去重型杂物后杂质重量，%。

表7-8　净度分析的容许误差

净度分析结果平均（%）		容许误差（%）			
		两份半试样间		两份试样间	
50%以上	50%以下	不带稃壳种子	带稃壳种子	不带稃壳种子	带稃壳种子
99.95~100.00	0.00~0.04	0.20	0.22	0.14	0.16

（续表）

净度分析结果平均（%）		容许误差（%）			
		两份半试样间		两份试样间	
50%以上	50%以下	不带稃壳种子	带稃壳种子	不带稃壳种子	带稃壳种子
99.90～99.94	0.05～0.09	0.32	0.34	0.23	0.24
99.85～99.89	0.10～0.14	0.39	0.42	0.28	0.30
99.80～99.84	0.15～0.19	0.46	0.49	0.33	0.35
99.75～99.79	0.20～0.24	0.50	0.55	0.36	0.39
99.70～99.74	0.25～0.29	0.55	0.59	0.39	0.42
99.65～99.69	0.30～0.34	0.60	0.64	0.43	0.46
99.60～99.64	0.35～0.39	0.64	0.69	0.46	0.49
99.55～99.59	0.40～0.44	0.67	0.73	0.48	0.52
99.50～99.54	0.45～0.49	0.71	0.76	0.51	0.54
99.40～99.49	0.50～0.59	0.76	0.81	0.54	0.58
99.30～99.39	0.60～0.69	0.83	0.88	0.59	0.63
99.20～99.29	0.70～0.79	0.88	0.94	0.63	0.67
99.10～99.19	0.80～0.89	0.94	0.99	0.67	0.71
99.00～99.09	0.90～0.99	0.99	1.05	0.71	0.75
98.75～98.99	1.00～1.24	1.06	1.13	0.76	0.81
98.50～98.74	1.25～1.49	1.18	1.25	0.84	0.89
98.25～98.49	1.50～1.74	1.27	1.36	0.91	0.97
98.00～98.24	1.75～1.99	1.36	1.46	0.97	1.04
97.75～97.99	2.00～2.24	1.43	1.53	1.02	1.09
97.50～97.74	2.25～2.49	1.51	1.61	1.08	1.15
97.25～97.49	2.50～2.74	1.58	1.68	1.13	1.20
97.00～97.24	2.75～2.99	1.65	1.76	1.18	1.26
97.25～97.49	3.00～3.49	1.75	1.86	1.25	1.33
96.00～95.49	3.50～3.99	1.86	1.97	1.33	1.41
95.50～95.99	4.00～4.49	1.97	2.10	1.41	1.50
95.00～95.49	4.50～4.99	2.07	2.20	1.48	1.57
94.00～94.99	5.00～5.99	2.23	2.35	1.59	1.68
93.00～93.99	6.00～6.99	2.41	2.53	1.72	1.81

（续表）

净度分析结果平均（%）		容许误差（%）			
		两份半试样间		两份试样间	
50%以上	50%以下	不带稃壳种子	带稃壳种子	不带稃壳种子	带稃壳种子
92.00～92.99	7.00～7.99	2.56	2.70	1.83	1.93
91.00～91.99	8.00～8.99	2.72	2.87	1.19	2.05
90.00～90.99	9.00～9.99	2.86	3.01	2.04	2.15
88.00～89.99	10.00～11.99	5.05	3.22	2.18	2.30
86.00～87.99	12.00～13.99	3.28	3.46	2.34	2.47
84.00～85.99	14.00～15.99	3.49	3.67	2.49	2.62
82.00～83.99	16.00～17.99	3.65	3.86	2.61	2.76
80.00～81.99	18.00～19.99	3.82	4.03	2.73	2.88
78.00～79.99	20.00～21.99	3.96	4.19	2.83	2.99
76.00～77.99	22.00～23.99	4.10	4.33	2.93	3.09
74.00～75.99	24.00～25.99	4.21	4.45	3.01	3.18
72.00～73.99	26.00～27.99	4.33	4.56	3.09	3.26
70.00～71.99	28.00～29.99	4.42	4.66	3.16	3.33
65.00～69.99	30.00～34.99	4.56	4.82	3.26	3.44
60.00～64.99	35.00～39.99	4.72	4.97	3.37	3.55
50.00～59.99	40.00～49.99	4.84	5.11	3.46	3.65

（ISTA，1990）

三、其他植物种子的测定

其他植物种子是指样品中净种子以外的任何植物种子，分为杂草种子和异作物种子。测定的目的，是检测送验样品中其他植物种的种子数目，并由此推测种子批中其他植物种的种类及含量。其他植物种可以是所有其他植物种或指定的某一种或某一类植物种。其测定范围分为4种。

完全检验（complete test）：从整个试验样品中找出所有其他植物种子的测定方法。

有限检验（limited test）：从整个试验样品中找出指定种的测定方法。

简化检验（reduced test）：从部分试验样品中找出所有其他植物种子的测定方法。

简化有限检验（reduced-limited test）：从少于规定重量的试验样品中找出指定种的测定方法。

测定其他植物种子的试样通常为净度分析试样重量的 10 倍。检查时按照送检要求，借助放大镜和光照设备逐粒检查，并数出每个种的种子数。结果用实际测定试样中所有的种子数表示。

其他植物种子含量（粒/kg）＝其他植物种子数/试样样品重量(g) × 1 000

检测两个测定结果是否有差异时，先根据两个测定结果计算平均值，再从表 7－9 中找出相应的容许差距。进行比较时，两个样品的重量要大致相等。

表 7－9　其他植物种子计数的容许差距

两个测定值的平均数	最大容许差距	两个测定值的平均数	最大容许差距	两个测定值的平均数	最大容许差距
3	5	76～81	25	253～264	45
4	6	82～88	26	265～276	46
5～6	7	89～95	27	277～288	47
7～8	8	96～102	28	289～300	48
9～10	9	103～110	29	301～313	49
11～13	10	111～117	30	314～326	50
14～15	11	118～125	31	327～339	51
16～18	12	126～133	32	340～353	52
19～22	13	134～142	33	354～366	53
23～25	14	143～151	34	367～380	54
26～29	15	152～160	35	381～394	55
30～33	16	161～169	36	395～409	56
34～37	17	170～178	37	410～424	57
38～42	18	179～188	38	425～439	58
43～47	19	189～198	39	440～454	59
48～52	20	199～209	40	455～469	60
53～57	21	210～219	41	470～485	61
58～63	22	220～230	42	486～501	62
64～69	23	231～241	43	502～518	63
70～75	24	242～252	44	519～534	64

（GB/T 2930. 2—2001）

第四节 饲草种子发芽试验

种子的发芽力（germinability），是指种子在适宜条件下发芽，并能长成正常种苗的能力，通常用发芽势和发芽率表示。发芽势（germinative energy）：种子在发芽试验初期规定的天数内，正常发芽种子数占供试种子的百分比。发芽势高说明种子的活力强，发芽出苗一致性好。发芽率（germinative percent）：发芽试验终期（末次计数时）全部正常发芽种子数占供试种子百分比。发芽率高则表示种子批中有生命的种子多。发芽试验的目的是测定送验样品或送验样品所代表种批的最大发芽潜力。据此可以比较不同种子批的质量，计算种子用价，同时可以估测田间播种价值。

种子发芽需要一定的水分、温度和光照，所以，要有一定的设备来满足发芽需求。

一、发芽试验设备

（一）发芽箱

发芽箱是为种子发芽提供所需的温度、湿度、光照等的设备。常见的发芽箱有：电热恒温发芽箱、变温发芽箱、调温调湿箱、光照发芽箱和发芽室。这些发芽箱根据其特点可以自动调节温度、湿度、光照和水分。现在最先进的就是发芽室，它能模拟自然界的各种气象条件，按照实验要求精确控制室内的温度、湿度、光照、水分以及 CO_2 浓度。发芽室适合于同一品种条件的大批量种子恒温发芽用，不适于变温和同时多个物种发芽。

（二）发芽床

提供水分和盛放种子的衬垫物，要求保水良好、无毒、无病菌。

1. 纸床

纸床所需的衬垫物有滤纸、吸水纸和纸巾等，根据用法常分为以下几种。

①纸上发芽（TP），种子置于一层或多层纸上发芽。

②纸间发芽（BP），种子置于两层纸中间，又有 3 类：将种子置于发芽纸上，另外用一层纸盖在种子上；种子置于折好的纸封里，平放或竖放；种

子放在毛巾卷里或纸卷里，竖着放，再置于塑料袋或盒内。

③褶裥纸发芽（PP），把种子放在褶裥纸内，类似于手风琴的褶裥纸条，分成 50 个褶裥，通常每个裥放 2 粒种子。

2. 沙床

选用无化学药物污染的细沙或清水沙为材料，使用前要进行以下处理：将沙除去较大石子和杂物后清水洗涤；洗过的湿沙要在高温（130℃）下烘干 2h 进行消毒处理；烘干的沙子过 0.8mm 和 0.05mm 的圆孔筛，用直径为 0.05～0.8mm 的沙粒作发芽床。沙的 pH 值应为 6.0～7.5。根据用法，沙床分为：沙上发芽（TS），将种子压入沙的表层；沙中发芽（S），种子播于沙上，然后加盖 10～20mm 厚的沙，盖沙的厚度取决于种子的大小。

3. 土壤床

如有特殊需要，可用土壤作发芽床。其土质必须良好不结块，并无大的颗粒，如土质黏重应加入适量的沙。土壤中应不含混入的种子、细菌、真菌、线虫或有毒物质。使用前高温消毒，土壤 pH 值应为 6.0～7.5。

（三）发芽器皿及数种器

1. 发芽器皿

发育器皿有玻璃培养皿和透明聚乙烯盒等。玻璃器皿一般用成套的培养皿，直径有 90cm、120cm 的，根据种子大小进行选择。大粒种子如大豆、豌豆等可用发芽盒。

2. 数种器

进行种子粒的数取时可以人工进行，也可以用数种板、真空数种器、自动数粒仪进行数取。

数种板：面积接近于放置种子的发芽床的大小。上层有一层固定的板，板上有 50 个或 100 个孔，孔的一般形状和大小与所计数的种子相近似。板的下层衬有一块薄板，无孔，作为假底，可以来回抽动。操作时，数种板放在发芽床上，把种子撒布在板上，并将板稍微倾斜，除去多余的种子。然后进行核对，当所有孔装满了种子而每孔只有一粒种子时，抽去可以移动的板，种子就在适当的位置落到发芽床上。

电子自动数粒仪：其工作原理是由电磁振动盒使种子逐粒排队送料，落入光电转换槽后形成光电脉动，经放大整形倒相后送入计数电路，以 LED 数码管显示读数。预置用拨盘开关，当计数到预置数后，停止送料，停止记数。仪器设有自校频率，便于检查计数电路及预置的正确性（图7－7）。

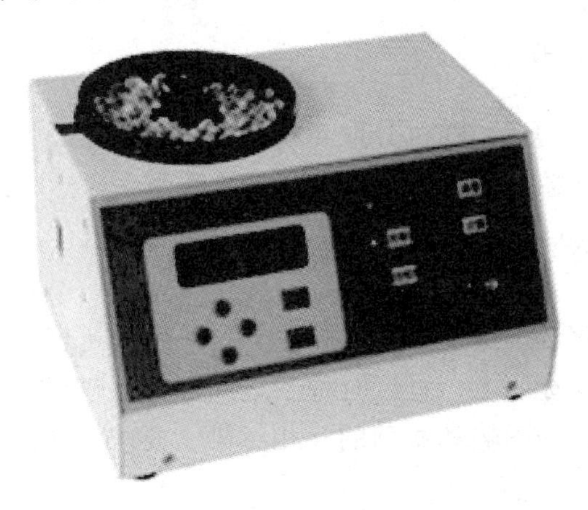

图7－7　电动种子数粒仪

真空数种器：包括3个部分，根据种子颗粒大小选择吸盘并调节吸力（压力表显示），就会把相同大小的种子吸入吸盘（图7－8）。

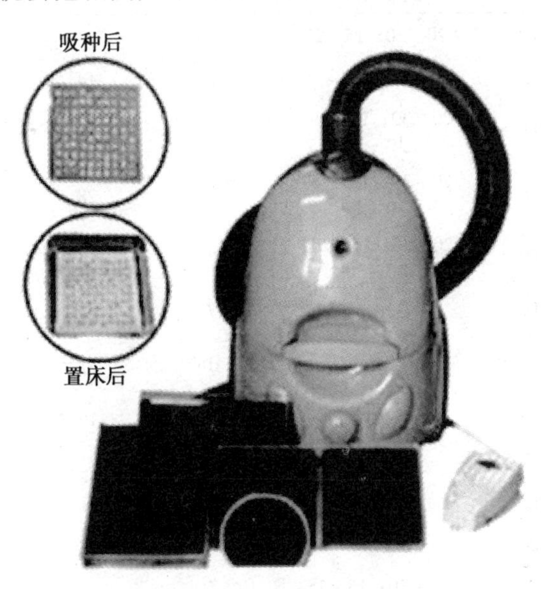

图7－8　真空数种器

二、标准发芽试验程序

(一) 试样分取

净种子充分混匀后，随机分取400粒种子，每一重复100粒，4次重复。大种子可分取200粒，每一重复50粒，4次重复。

(二) 选用发芽床及种子置床

根据规程要求选用适于各种饲草种子的发芽床（表7－10）。用人工或数种器将种子置于发芽床上，置床时种子之间保持足够的间距，以尽量减少相邻种子对种苗发育的影响和病菌的互相感染。要求注水一致，使种子吸水良好，发芽整齐。

表7－10 主要饲草种子的发芽试验技术规程

种名	规定		初次计数（d）	末次计数（d）	附加说明，包括排除休眠的建议
	发芽床	温度（℃）			
冰草	TP	20～30；15～25	5	14	预先冷冻；KNO_3
沙生冰草	TP	20～30；15～25	5	14	预先冷冻；KNO_3
小糠草	TP	20～30；15～25；10～30	5	10	预先冷冻；KNO_3
匍茎翦股颖	TP	20～30；15～25；10～30	7	28	预先冷冻；KNO_3
草原看麦娘	TP	20～30；15～25；10～30	7	14	预先冷冻；KNO_3
盖氏须芒草	TP	20～35	7	14	光照；KNO_3
鹰嘴紫云英	BP；TP	15～25；20	10	21	预先加热（30～35℃）；先冷冻；GA_3
燕麦	TP	20	5	10	光照；KNO_3
地毯草	TP	20～30	10	21	光照；KNO_3
伏生臂形草	TP	20～35	7	21	H_2SO_4；KNO_3；光照
路氏臂形草	TP	20～35	7	21	H_2SO_4；KNO_3
无芒雀麦	TP	20～30；15～25	7	14	预先冷冻；KNO_3
鹰嘴豆	BP；S	20～30；20	5	8	
多变小冠花	TP；BP	20	7	14	

（续表）

种名	规定		初次计数（d）	末次计数（d）	附加说明，包括排除休眠的建议
	发芽床	温度（℃）			
美丽猪屎豆	BP	20～30	4	10	
狗牙根	TP	20～35；20～30	7	21	预先冷冻；KNO_3；光照
洋狗尾草	TP	20～30	10	21	预先冷冻；KNO_3
鸭茅	TP	20～30；15～25	7	21	预先冷冻；KNO_3
绿叶山蚂蝗	TP	20～30	4	10	H_2SO_4
银叶山蚂蝗	TP	20～30	4	10	H_2SO_4
弯叶画眉草	TP	20～35；15～30	6	10	预先冷冻；KNO_3
苇状羊茅	TP	20～30；15～25	7	14	预先冷冻；KNO_3
牛尾草	TP	20～30；15～25	7	14	预先冷冻；KNO_3
紫羊茅	TP	20～30；15～25	7	21	预先冷冻；KNO_3
冠状岩黄芪	TP；BP	20～30；20	7	14	
绒毛草	TP	20～30	6	14	预先冷冻；KNO_3
山黧豆	Bp；S	20	5	14	
鸡脚草	BP	20～35	7	14	
中非银合欢	BP	25	4	10	切割种子
多花黑麦草	TP	20～30；15～25；20	5	14	预先冷冻；KNO_3
多年生黑麦草	TP	20～30；15～25；20	5	14	预先冷冻；KNO_3
百脉根	BP	20～30；20	4	12	预先冷冻
白羽扇豆	BP；S	20	5	10	预先冷冻
大翼豆	TP	25	4	10	H_2SO_4
天蓝苜蓿	BP；TP	20	4	10	预先冷冻
紫花苜蓿	TP；BP	20	4	10	预先冷冻
白花草木樨	TP；BP	20	4	10	预先冷冻
黄花草木樨	TP；BP	20	4	10	预先冷冻
糖蜜草	TP	20～30	7	21	预先冷冻；KNO_3
红豆草	TP；BP；S	20～30；20	4	14	预先冷冻
具色大黍	TP	20～35	7	28	
黍（稷）	TP；BP	20～30；25	3	7	
毛花雀稗	TP	20～35	7	28	KNO_3；光照

（续表）

种名	规定		初次计数（d）	末次计数（d）	附加说明，包括排除休眠的建议
	发芽床	温度（℃）			
巴哈雀稗	TP	20~35；20~30	7	28	KNO_3
东非狼尾草	TP	20~35；20~30	7	14	预先冷冻；KNO_3
御谷	TP；BP	20~30	3	7	
虉草	TP	20~30	7	21	预先冷冻；KNO_3
猫尾草	TP	20~30；15~25	7	10	预先冷冻；KNO_3
豌豆	BP；S	20	5	8	
草地早熟禾	TP	20~30；15~25；10~30	10	28	预先冷冻；KNO_3
黑麦	TP；BP；S	20	4	7	预先冷冻；GA_3
苏丹草	TP；BP	20~30	4	10	预先冷冻
圭亚那柱花草	TP	20~35；20~30	4	10	H_2SO_4
杂三叶草	TP；BP	20	4	10	预先冷冻；用聚乙烯薄膜密封
红三叶草	TP；BP	20	4	10	预先冷冻
白三叶草	TP；BP	20	4	10	预先冷冻；用聚乙烯薄膜密封
春箭筈豌豆	BP；S	20	5	10	预先冷冻
毛苕子	BP；S	20	5	14	预先冷冻
玉米	BP；S	20~30；25；20	4	7	
结缕草	TP	20~35	10	28	KNO_3

注：发芽床类型中TP为纸上，BP为纸间，S为沙中；温度规定中，低温与高温间用"~"连接着表示需变温发芽，低温时间为16h，高温时间为8h（ISTA，1999）

（三）发芽器皿贴签

种子准备好后，在发芽器皿底盘的侧面贴上标签，注明置床日期、样品编号、种名或品种名，重复次数等。

（四）置箱培养与管理

按规程要求将发芽箱调至发芽所需要的温度（恒温或变温发芽），温度保持在所需温度±1℃的范围。将置床后的培养皿放进发芽箱的网架上，变温条件通常保持低温16h，根据需要调节光照。发芽期间每天检查发芽试验的情况，发芽床始终保持湿润，适时补水。

（五）观察记录

计数分为初次计数、中间计数和末次计数。初次计数和中间计数时，将符合规程标准的正常种苗、明显死亡的软、腐烂种子取出并分别记录其数目，而未达到正常发芽标准的种苗、畸形种苗和未发芽的种子留在原发芽床或更换发芽床后继续发芽。

末次计数时分别记录所有正常种苗、不正常种苗、硬实种子、新鲜未发芽种子和死种子数。复粒种子单位产生一株以上的正常种苗，仅记录一株种苗。末次计数在7天以上时，应增加中间计数次数，隔天或每隔两天计数一次，直至末次计数为止。

未发芽种子是在规定的发芽条件下，试验期末仍不能发芽的种子，可分为下列类型。

硬实：试验期间不能吸水而始终保持坚硬的种子，主要是豆科种子存在硬实。

新鲜种子：试验期间能够吸水，但发芽过程受阻，保持清洁和一定硬度，有发育成为正常幼苗潜力的种子。

死种子：既非硬实、新鲜，也未产生幼苗任何部分的种子。

空种子：种子完全空瘪或仅含有一些残留组织。

无胚种子：种子含有胚乳或胚子体组织，但没有胚腔和胚。

虫伤种子：种子含有幼虫、虫粪或有害虫侵害的迹象，并已影响到发芽能力。

（六）重新试验

出现以下情况，应用相同方法或选用另一种方法进行重新试验。

当试验结束后，如果怀疑种子存在休眠（新鲜未发芽种子较多）、种子中毒或病菌感染而导致结果不可靠；对种苗的正确评定发生困难；发现试验条件、种苗评定或计数有差错；试验结果超过容许误差等要进行重新试验。

（七）结果计算

发芽率（%）＝发芽终期全部正常种苗数/供试种子数×100

发芽势（%）＝规定天数内的发芽数/供试种子数×100

分别计算不正常种苗、硬实种子、新鲜未发芽种子及死种子占供试种子的百分率。计算4次重复的平均值，保留整数位。

三、休眠种子的处理

有些饲草种子存在着休眠，在发芽末期还留有相当数量的硬实或新鲜未发芽的种子，国家检验规程规定，可预先采用一种处理方法或一组处理方法破除休眠，再进行发芽试验。

休眠是指具有生活力的种子在适宜发芽条件下不能萌发的现象。根据造成休眠的原因不同把休眠分为后熟休眠、硬实休眠、抑制休眠，不同的休眠原因采取不同的方法进行破除。

（一）后熟休眠

有些饲草种子，成熟收获后，却不能萌发，因为除了胚以外的部分成熟，而胚未成熟，包括幼胚器官分化不完善或者未分化好，即胚虽已分化，但未达到足够大小或者胚为一团分生细胞，胚器官未分化；胚未完成生理后熟（胚休眠），即胚虽也达一定大小，但未通过一系列复杂的生理生化变化。由于此种原因休眠的种子，需要在特殊的条件下贮藏一定时间，使胚完成分化或长到足够大小或完成生理成熟，这一过程常称之为后熟。破除的方法有：

1. 预先冷冻

发芽试验之前，将置床后各重复的种子湿润，在低温下保持一段时间，通常是5～10℃保持7d，然后再进行正常的发芽。

2. 预先加热

将发芽试验的各重复种子放在30～50℃（或40℃）温度下处理，处理后的种子在空气流通的情况下保持7d，然后移至规定发芽条件下发芽。

3. 光照

当种子在变温条件下发芽时，每天至少有8h处于高温光照条件，光照强度为750～1 250lx，光源选用冷白荧光灯。

4. 硝酸钾（KNO_3）处理

发芽试验开始时，发芽床一次用0.2%的硝酸钾溶液浸透，以后用蒸馏水补充。

5. 赤霉素（GA_3）处理

常用于燕麦属、大麦属、黑麦属、小黑麦属和小麦属的饲草和作物种子。用浓度为0.05%的赤霉素溶液湿润发芽床，休眠较浅时用0.02%的浓度，深休眠时用0.1%浓度。

6. 聚乙烯袋密封

当发芽试验结束时，仍发现有很高比例的新鲜未发芽种子，如三叶草属种子，将种子密封在聚乙烯袋中重新试验，常可诱导发芽。

（二）硬实休眠

由于种皮不透水、不透气而不能吸胀发芽的种子称为硬实种子。许多种子，特别是豆科饲草种子在成熟后，种皮常成为萌发障碍而使种子处于不能萌发状态，如苜蓿、草木樨、紫云英、毛苕子、三叶草等。种皮障碍种子萌发又分3种情况。

1. 种皮不透水

许多种子的种皮特别坚实致密，种皮中有较多的疏水性物质，难以透水，而使种子无法吸胀。测定种子的硬实率必须浸种，但硬实的顽固性在群体和个体间均有差别，有的浸泡时间长了可以透水，也有浸泡10年也不透水的。因此，一般以浸泡24h不透水吸胀为判定硬实的标准。

2. 种被不透气

有些种子种皮可以透水但不透气，阻碍了种子内外气体交换造成休眠，种皮由于存在粘胶、种皮孔隙小或珠心周膜种皮上含有大量酚类物质，氧化成醌的过程中要消耗O_2，从而使胚得不到足够的氧而休眠，这是禾本科类种子休眠的主要原因。

3. 种皮的机械约束作用

有些种子如核果的种皮特坚硬，虽透水通气，但胚在一定时间内无法顶破种皮向外生长，如反枝苋，其胚不具有休眠特性，只要去皮后都能发芽。

4. 破除休眠的方法

机械处理：用针刺、切割、研磨的方法，小心地把种皮刺穿、削破、锉伤或用砂纸打磨。机械划破的位置最好靠近子叶顶端的种皮部分。

温度处理：温水中浸泡14～48h，有的种子需在沸水中浸泡，直至冷却；还有高温晒种、高温存放；变温如日晒夜露、变温发芽等。

酸液腐蚀：用浓硫酸腐蚀几分钟到1h，种皮出现孔纹。腐蚀后种子放入流水中充分洗涤，再进行发芽试验。

（三）抑制休眠

有些植物种子在成熟过程中积累一些抑制萌发的物质，当积累达到一定量时，种子便陷入休眠状态。种子中的主要抑制物质有：小分子化合物，如氰化氢、氯化钙、氨、乙烯等；乙醛、苯甲醛、胡萝卜醇等醇醛类物质；有机酸类，如ABA、水杨酸、色氨酸等；咖啡碱、可可碱、烟碱等生物碱类；芥子油类、香豆素类；苯酚、二对苯酚等酚类物质。这些抑制物质具有挥发性、水溶性、脂溶性等特点，可依据种子中所存在抑制物质的种类、性质进行破除休眠。破除方法如下。

1. 预先洗涤

当果皮或种皮中含有抑制发芽的物质时，可在发芽试验前将种子放在25℃的流水中冲洗，洗涤后将种子干燥，再进行发芽试验。

2. 除去种子的其他结构

有些种子除去其外部结构可促进发芽，如禾本科饲草刺毛状总苞片，颖苞和内外稃等。

四、幼苗鉴定标准

在检查发芽种子数时，能否正确鉴定幼苗直接关系到试验结果的正确性。所以幼苗就要按照国家规定的标准来鉴定。

（一）正常种苗

指生长在良好土壤、适宜湿度、温度及日照条件下能进一步发育为正常植株的种苗（图7－9）。

1. 完整幼苗

主要构造如根、中轴、苗端子叶或芽鞘生长良好、完全、匀称、健康。表现为：发育良好的根系，具长而细的初生根，常布满大量根毛，末端细尖；除初生根外还产生次生根；某些属由数条种子根取代一条种子根。发育良好的种苗有中轴、特定的子叶数目、绿色伸展的初生叶。

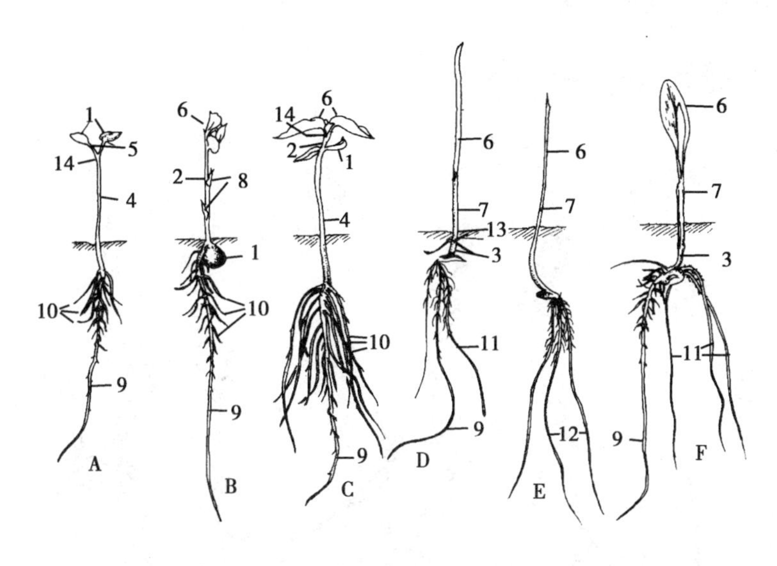

图7－9 正常种苗类型

A. 三叶草类；B. 野豌豆类；C. 羽扇豆类；D. 黑麦草类；E. 燕麦类；F. 蜀黍类

1. 子叶；2. 上胚轴；3. 中胚轴；4. 下胚轴；5. 子叶柄；6. 初生叶；7. 胚芽鞘；8. 鳞片状叶；9. 初生根；10. 次生根；11. 胚根鞘节根；12. 种子根；13. 胚芽鞘节根；14. 顶芽

2. 带有轻微缺陷的幼苗

主要构造有某种缺陷但能均衡生长，与完整幼苗相当。初生根轻度损伤，或生长较迟缓；下胚轴、上胚轴或中胚轴轻度损伤；子叶轻度损伤，但有一半或一半以上仍保持着正常的功能（50%规则），并且苗端或其周围组织没有明显的损伤或腐烂。

3. 次生感染的幼苗

被霉菌感染使主要构造发病或腐烂，但有证据表明病源不是来自种子本身。

（二）不正常幼苗

带有一种或数种缺陷的幼苗（图7－10）。

1. 受损伤的幼苗

由外因引起幼苗构造残缺不全或严重损伤以致不能均衡生长。包括种苗结构缺失或损伤程度达到影响正常发育；由外力造成种胚的损伤，表现为子

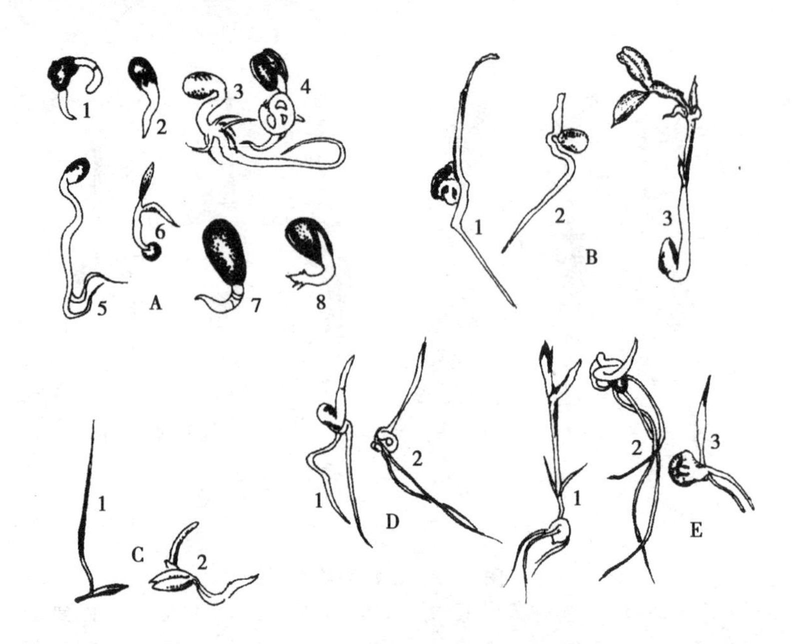

图 7－10　不正常种苗类型

A. 三叶草类 1. 下胚轴断裂；2. 初生根停滞；3. 下胚轴短粗；4. 下胚轴螺旋状；5. 初生根从顶端开裂；6. 初生根卷缩在种皮内；7. 下胚轴缩卷；8. 初生根残缺。B. 野豌豆类 1. 顶芽畸形；2. 顶芽缺失；3. 初生根缺失。C. 黑麦草类 1. 初生根缺失；2. 种苗畸形。D. 燕麦类 1. 胚芽鞘顶部损伤；2. 胚芽鞘成环状。E. 蜀黍类 1. 胚芽鞘开裂；2. 中胚轴成环状或螺旋状；3. 初生根残缺。

叶或幼枝开裂或与种苗其他部分完全分离；下胚轴、上胚轴或子叶具深裂缝或开裂；胚芽鞘损伤或顶端破裂，裂长超过胚芽鞘总长的 1/3；初生根开裂，残缺或缺失。

2. 畸形或不匀称幼苗

由内因导致生理紊乱，幼苗细弱或主要构造畸形、不匀称。因内部生理生化功能失调引起种苗发育衰弱或不均衡，表现为：初生根停滞或细弱；下胚轴、上胚轴或中胚轴较粗、环状、扭曲或螺旋状；子叶卷曲、变色或坏死；胚芽鞘短并畸形、开裂、环状、扭曲或螺旋形；逆向生长（芽向下弯曲，根负向地性）；叶绿素缺失（黄化或白化）；细长种苗或玻璃状种苗。

3. 腐烂幼苗

由初生感染引起主要构造发病和腐烂并妨碍正常生长者。主要是因外部损伤或内部虚弱导致的真菌和细菌感染。

第五节 品种纯度鉴定

品种纯度（varietal purity）包括两个方面的含义：首先是指种子的真实性，即所检验的种子是否名副其实；其次是指本品种的种子（或植株）在供检种子（或植株）中所占的百分率，即这批种子的品种纯度，属于品种的遗传品质。品种纯度的检验可分室内检验、小区鉴定和田间检验。

一、室内检验

室内品种真实性鉴定是随机分取试样两份选择适宜方法，如籽粒形态鉴定法、幼苗形态鉴定法、化学染色法、电泳法检验品种纯度。

品种纯度（%）＝本品种粒数（重量）/ 检验总粒数（重量）×100

（一）籽粒形态鉴定

根据种子形态特征如形状、大小、种脐形状、颜色、稃壳、芒的长短和有无等鉴定种及品种，如有必要，可借助放大镜进行观察。测定种子色泽时，可在自然光或特定光谱（如波长为360nm的紫外灯）下观察。

如大麦属最有效的鉴定特征是籽粒形状、外稃基部、籽粒颜色、腹沟基刺、腹沟宽度、小穗轴茸毛多少、侧背脉纹齿状突起、内外稃褶皱、鳞被形状及茸毛稀密等。燕麦属的籽粒颜色是有效特征，可分为白色、灰黄色、黑色等。燕麦属和大麦籽粒颜色可在紫外光下加以区别，如白色燕麦种子显现荧光，黄色燕麦种子不显现荧光。

豌豆属和羽扇豆属植物种在种子颜色、大小和形状上存在着可供鉴别的差异，可在日光或紫外光下直接用肉眼进行观察。

紫花苜蓿和黄花苜蓿可通过种子形状和颜色区别。

（二）化学测定

化学测定通常是借助某种特别的化学试剂与种子特有成分反应来鉴定品种。

如羽扇豆属植物碱测定：羽扇豆属种子中是否含有生物碱是一种种间鉴别特征。先将种子放入水中浸泡24h，然后将每粒种子切一薄片置于玻璃板上，衬以白色背景，加 1 ~ 2 滴 Lugol 溶液［卢戈氏液：将 0.39g 碘（I）和 0.6g 碘化钾（KI）溶于 100ml 水中］，若切片产生棕红色沉淀，即表明含生物碱。记录含或不含生物碱种子数。

燕麦盐酸（HCl）测定：当对燕麦种子荧光测定有怀疑时，特别是对经处理或恶劣气候条件下收获的种子，则可用盐酸溶液测定。将种子浸入盐酸溶液（1 份 38% 盐酸溶液和 4 份蒸馏水配制而成）中 6h，捞出种子置于滤纸上，使其自然风干 1h，根据棕褐色或黄色进行鉴定。

燕麦、大麦、黑麦草和普通早熟禾等种子的苯酚测定：根据种子内外稃染色鉴定大麦、燕麦和黑麦草种子。采用纸上法，于 25℃ 下预湿 18 ~ 24h。将种子移入经 1.0% 苯酚溶液（5g 结晶石碳酸加入 500ml 蒸馏水）湿润的滤纸上，室温下进行处理，燕麦 2h，大麦 4h，黑麦草和普通早熟禾 24h，检查和记录颜色反应，与标准样品进行比较。通常颜色分为不着色、浅褐色、褐色、深褐色、黑褐色和黑色。

（三）幼苗鉴定

幼苗鉴定可以通过两个主要途径：一种途径是提供给植株以加速发育的条件（类似于田间小区鉴定，只是所需时间较短），如将种子置于适宜发芽床上萌发，当幼苗达到适宜评价的发育阶段时，对全部或部分幼苗进行鉴定。有的需进一步处理，有的可直接鉴定，在测定染色体倍数时，切开根尖或其他细胞在显微镜下进行鉴定。另一种途径是让植株生长在特殊的逆境条件下，通过不同品种对逆境的不同反应来鉴别品种。

二、田间小区鉴定

田间小区种植是鉴定品种真实性和测定品种纯度的最为可靠、准确的方法。为了鉴定品种真实性，应在鉴定的各个阶段与标准样品进行比较。对照的标准样品为栽培品种提供全面的、系统的品种特征特性的现实描述，标准样品应代表品种原有的特征特性，最好是育种家种子。标准样品的数量应足够多，以便能持续使用多年，并在低温干燥条件下贮藏，更换时最好从育种家处获取。

1. 小区设置

为使品种特征特性充分表现，试验的设计和布局上要选择气候环境条件适宜的、土壤均匀、肥力一致，前茬无同类作物和杂草的田块，并有适宜的栽培管理措施。行间及株间应有足够的距离，大株作物可适当增加株行距，必要时可用点播和点栽。

送验样品收到后，要尽快播种。每个样品至少播种两个重复小区。为避免失败，重复应适当布置在不同田块或同一田块不同位置。小区大小要能为准确鉴定提供足够的植株。播种方式可采取条播，具有足够的行、株距离，以便所要鉴定的性状能充分发育。一般建议饲草行长约15m，行距为30～45cm。可在实验室或温室将种子分开播种，而获得单株。当植株已长到适当大小时，即移栽到田间小区。如条件适宜种子可直接播在小区，以后可通过间苗使其成单株状态。各植株的间距至少达60cm。同时应栽种标准样品的单株以作对比。株数多少取决于重复次数和所用的统计处理。

2. 种植密度和株数

为了测定品种纯度百分率，试验设计的种植株数要根据国家标准种子质量标准的要求而定，一般来说，若种子规定纯度为x%，种植株数400/(100－x)，例如标准规定纯度为98%，种植200株即可达到要求。为减少移栽和间苗可能引起的误差，应调整播量，使试验区和对照区植株数大约相等。必要时可采取间苗或补苗办法，当通过考查单株就能区别两个或更多的品种时，则应采用穴播。

3. 鉴定时间和方法

许多种在幼苗期就有可能鉴别出品种真实性和纯度，有些品种需经过全生育期才能充分表现出差异。因此，鉴定工作应延续到整个生育时期。但从开花（豆科饲草）或抽穗（禾本科饲草）开始至生育终期是鉴定样品的最好时期。在此期间对植株需进行数次观察。凡可看出是属于另外品种或种的植株或者变异株均应计数和记载。

三、田间检验

田间检验的目的是在田间依据株高、株形、叶色、叶形、花色、穗形鉴定饲草种子的真实性即品种纯度，并鉴定异种、杂草和病虫害的感染百分率。鉴定时间可按苗期（返青期）、开花前期（抽穗开花期）、成熟期3个不同发育期进行。田间检验是保证种子质量和品种纯度重要措施。

1. 准备工作

在田间鉴定之前，必须了解鉴定品种在当地的性状表现及与其他品种在性状上的主要差别。对鉴定地区的位置、种子来源、质量，播种前的耕作及栽培管理措施等基本情况的调查。若作为种子繁殖田，凡属异花授粉的饲草，如紫花苜蓿、三叶草等，与同种饲草的间距，要求500m以上。

2. 选择鉴定区

凡属同一品种、种子来源相同、饲草生长一致、较少病虫害和杂草侵害的，并符合上述隔离要求的地块，可划定为鉴定区。每一个鉴定区的面积不应大于66.7hm^2。在鉴定区内选10%的面积为代表田，代表田的面积选定后可作出标志，编号登记并记载其生长状况。

3. 取样鉴定

取样可按单对角线、交叉对角线、梅花点等方式进行，定点10～20处，随即就地分析记载本品种穗（禾本科）、枝（豆科）、异品种穗（枝）、病虫穗（枝）等数目。每点划定0.25～1.0m^2面积，用实测生长穗（枝）数的方法统计。

4. 结果的计算

根据生长穗（枝）数的统计公式计算百分率：

纯度（%）=本品种株穗数/供检本饲草总株穗数×100

异种（%）= 异作物株穗数/供检本饲草总株穗数×100

杂草（%）= 杂草株穗数/供检本饲草总株穗数×100

感染病虫害（%）= 感染病虫害株穗数/供检本饲草总株穗数×100

若检验的为杂交制种田，还应记载和计算母本散粉株率、父本散粉杂株率及母本杂株率；检验点外有零星发生的检疫性杂草病虫感染株应单独记载。

母本散粉株（%）= 母本散粉株数/供检母本总株数×100

父（母）本散粉株（%）= 父（母）本散粉杂株数/供检父（母）本总株数×100

第六节　种子生活力测定

种子生活力（viability）：指种子发芽的潜在能力或种胚具有的生命力，亦指活种子所占的百分数。通过标准发芽试验能判断种子批非休眠状态的发芽率，但不能测出处于休眠状态种子的发芽率，也就是不能彻底了解种子批的最大发芽潜力。通过生活力的测定，可以了解种子批的潜在发芽能力。

种子生活力的测定通常用四唑染色法（TTC）和红墨水法鉴别，国际种子检验规程和我国饲草种子检验规程生活力测定为四唑染色法。四唑染色法测定的意义是迅速了解某些用普通发芽方法发芽速度缓慢的种子的生活力。便于休眠种子检验、种子收购和管理工作中的初步检查以及种子变质原因的诊断。

一、四唑法测定种子生活力

（一）四唑测定原理

四唑全称为2，3，5-氯化或溴化三苯基四唑，简称四唑（TTC）。测定时四唑的无色溶液作为一种指示剂，来显示活细胞所发生的氧化还原过程。种子活细胞内发生的还原过程，在脱氢酶催化之下，氢从各种呼吸物质中脱离出来，遇到浸入的无色四氮唑溶液，四氮唑与氢离子相结合，在活细胞中产生红色、稳定的、不扩散和不溶于水的物质，即三苯基甲。由此可以区别种子红色的有生命部分和无色的无生命部分。除完全染色的有生命活力的种子及完全不染色的无生活力种子外，有些不同部分染上红色的种子是存在大小不同的坏死组织。种子生活力的有无，不是决定于颜色的深浅，而是决定于胚和胚乳的坏死组织所在部位和蔓延情况。

（二）四唑测定程序

1. 试验样品的准备

生活力测定的试样应从净度分析后并经充分混合的净种子中随机数取100 粒种子 2 ~4 个重复。如果是测定发芽末期休眠种子的生活力，则可单用试验末期的休眠种子，也可以从送验样品中直接随机数取。

2. 种子预处理

在测定前，对所测种子样品需经过预处理（预措预湿），其主要目的是使种子加快和充分吸湿，软化种皮，方便样品准备和促进活组织酶系统的活化，以提高染色的均匀度、鉴定的可靠性和正确性。预措是指在种子预湿前除去种子的外部附属物和在种子非要害部位弄破种皮，如禾本科种子需脱去稃片，豆科硬实种子刺破种皮等。但要注意，预措不能损伤种子内部胚的主要构造。绝大多数种子不需要进行预措处理，但有一些种子在预湿前要进行预措处理。

3. 溶液的配制

采用2，3，5-三苯四唑氯化物（TTC），通常配成1%的水溶液（pH值为6.5~7.0）保存。如果水的酸碱度不在中性范围内，则四唑盐应溶解在磷酸盐缓冲液中。配制好的四唑溶液应贮存在棕色瓶中，放在冰箱内保存。

为辨别某些饲草种子如早熟禾、猫尾草、小糠草等的生活力，经四唑处理后，用2~3滴乳酸苯酚液浸泡，能使稃壳变为透明，易看清胚的染色部分。其配制是用20份乳酸、20份苯酚、40份甘油和20份水混合。在配制过程中应注意不能接触与吸入，因乳酸苯酚有毒，并保持通风，以降低其空气中的浓度。

4. 四唑染色

为了使四唑溶液快速并充分渗入种子的全部活组织，加快染色反应和正确鉴定胚的主要构造，大多数种子在染色前必须采用适当的方法使胚的主要构造和（或）活的营养组织完全暴露出来，然后把准备好的种子，放在小玻璃容器里染色。四唑溶液必须完全淹没种子，溶液不能直接露光。因为光线可能使四唑盐类还原而降低其浓度，影响染色效果。各类种子染色所需的时间要根据种子的具体情况以及四唑溶液浓度和温度而变化（表7-11）。

5. 观察鉴定

种子染色结束后用清水冲洗多次后立即进行鉴定。紫花苜蓿、三叶草可用乳酸苯酚液洗净，不必剥去种皮，放在透射光下检查。小粒种子必须放在立体显微镜下检查。一般，胚的构造发育良好，未受损伤，并染成正常红色者应作为有生活力的种子。

生活力（%）=胚染色的种子数/总种子数×100

（三）四唑测定的优缺点

1. 优点

四唑测定主要是按胚的主要解剖构造的染色图形来判断种子的死与活，其原理可靠，结果准确。标准发芽与四唑测定的对比试验表明，如能正确使用四唑测定方法，四唑测定结果与发芽率误差一般不会超过3%~5%。四唑测定不像发芽试验那样通过培养，依据幼苗生长的正常与否来估算发芽率，而是利用种子内部存在的还原反应显色来判断种子的死活，不受休眠的影响。

测定方法简便，省时快速。所需仪器设备和物品较少，成本低廉，一般只需6～24h，就能获得结果。同时可按染色部位不同，研究种子损伤的原因。

2. 缺点

结果的鉴定是通过检验员的观察完成的，所以对种子检验员经验和技能要求较高，其检验结果具有主观性；处理种子不能反映药害情况，不适用于熏蒸受药害的种子。同时其结果不能提供种子的休眠程度。

表7－11 饲草种子四唑测定方法表

种类	种子准备	溶液浓度（%）	在35℃染色时间（h）	备注
冰草	纵切	0.1	2～3	
小糠草	横切、刺破	1	6～8	乳酸苯酚洗
高燕麦草	纵切	0.1	6～8	
草原看麦娘	刺破	1	6～8	
无芒雀麦	纵切	0.1	2～3	
早熟禾	横切、刺破	1	6～8	乳酸苯酚洗
紫花苜蓿	不须准备	1	6～7	硬实
野黑麦	纵切	0.1	2～3	
野豌豆	不须准备	1	6～7	
猫尾草	横切、刺破	1	4～6	乳酸苯酚洗
苏丹草	纵切	0.1	2～3	
红豆草	融破果皮	1	6～7	
黑麦草	纵切	0.1	1/2～1	
无芒虎尾草	横切、挑破	1	6～8	乳酸苯酚洗
高羊茅	纵切	0.1	2～3	
胡枝子	不须准备	1	6～7	
三叶草	不须准备	1	6～7	
鹰嘴豆	不须准备	1	3～4	
草木樨	不须准备	1	6～7	硬实
沙打旺	不须准备	1	6～7	
蒙古岩黄芪	刺破果皮	1	6～8	

（GB-T 2930.5—2001）

二、红墨水测定法

（一）测定原理

生活细胞的原生质膜具有半透性（选择透性），能选择性地吸收外界（有用）物质，而死亡的细胞则丧失了这一能力。一般染料不是细胞生活所需要的物质，因而不能进入生活细胞内。根据这一原理，可以利用染料染色法来鉴定种子的生活力：有生活力的种子，胚部细胞不让染料进入，因而不被染色；而丧失生活力的种子，其胚部细胞原生质膜丧失了选择透性，染料可自由进入细胞内，从而使胚部染色。因此，可根据种胚是否被染色来判断种子的生活力。

（二）测定方法

1. 浸种

将试验种子放在 30～35℃温水中浸种（一般浸种 4～12h），以增强种胚的呼吸强度，使染色迅速。

2. 染色

取已吸胀的种子 200 粒，用刀片沿胚的中线将其切为两半，将一半放入培养皿中，加入 5% 的红墨水（以淹没种子为度），染色 10～15min（温度高时可短些）。染色后倒去红墨水，用清水冲洗几次，至冲洗液无色为止。

3. 检查种子死活

凡种胚不着色或着色很浅的为活种子；凡种胚与胚乳着色程度相同的为死种子。可用沸水杀死后的种子作对照观察。

4. 计算生活力

生活力（%）＝胚不染色的种子数/总种子数 ×100

此外，种子生活力的测定还有用靛红染色，其原理和红墨水染色法相似，只是胚被染成的颜色不同。靛红是一种蓝色粉剂，活细胞能阻止染料渗入而不被染色，死细胞则被染成蓝色。靛红染色适用于豆类、谷类、瓜类等大粒种子。一般采用 0.1%～0.2% 浓度的靛红染色液，预湿处理后在室温下染色 15min，冲洗后即可鉴定。

第八章　饲草种子经营管理

第一节　种子经营管理概念

一、种子经营管理的概念

种子公司经营管理（seed management）：是指根据客观规律的要求，对种子公司的整个生产经营活动，进行决策、计划、阻止、指挥、控制、协调和对职工进行教育鼓励；是人、财、物各种要素合理结合，充分利用，以提高经济效益，实现公司的责任和目标。

经营和管理是相辅相成的两个方面，经营是艺术，管理是科学，两者既有联系，又有区别，是相互制约、相互依存的一个整体。经营是一种决策性活动，在国家的方针、政策和计划指导下，面向市场和用户，合理分配组合和各种经营要素，力求达到公司外部环境、内部条件和经营目标之间的动态平衡，争取最佳经济效益。管理是一种实施性活动，是指为实现公司的经营目标而对整个市场经营活动进行严密组织和正确指挥，对各种要素的利用进行控制和审核，并协调好公司的内外关系，对员工进行教育鼓励等。经营是确立公司的经营目标、方针和发展方向，这关系到公司的兴衰成败。所以，经营是管理的前提和方向，管理是经营的基础和保证。

二、种子经营管理的内容

①合理确定种子公司的管理体制和组织机构，配备管理人员，并努力提高他们的素质。

②搞好市场调查，掌握生产经营管理信息，进行经营预测和决策，确定经营目标和计划。

③编制经营计划，签订经营合同，加强计划管理和合同管理。

④建立和健全经济责任制和管理制度，正确处理各方面责、权、利的关系。

⑤搞好种子生产基地建设，生产出量足质优的种子。

⑥加强种子质量检验和精选加工，把好种子质量关。

⑦加强种子收购、贮存、调运、销售的管理。

⑧管好资金管理和流通管理，合理分配公司盈利。

⑨正确分析公司的各项经济活动，总结经验教训，评价公司的经济效益。

三、种子公司经营管理的特点

1. 种子公司经营的是有生命的、特殊的生产资料——种子

种子是农业生产中最重要的，不可替代的农业生产资料，是一种特殊的商品。它与其他的商品相比，有其自身的四大特性：一是生命性，种子必须是一种活的物质，而且生命力越强，越旺盛越好。因为它肩负着繁衍后代的历史使命，这是其他商品所不能取代的，在种子经营的运输、贮藏和销售过程中必须遵循其这个特性。二是时效性，种子是为农业生产服务的，而农业生产是受季节限制的。就是说农业要丰收，种子须先行，种子必须做到今年为明年，上季为下季农业服务，因此说它有着强烈的时效性。如果错过了季节，不仅失去种子本身的种用价值，而且还会影响农业生产。三是区域性，任何种子都有一定的适应范围，每一个品种对外界环境和生态条件都有一定的要求。因此，在种子经营活动中，要了解和掌握每个品种的特征、特性，特别是它的适应区域。当一个品种在一个地区能够开花结实，但在另一个地方就不一定会开花结实，所以不要盲目地乱调、乱引、乱经营种子。要因地、因时、因品种制宜，做到扬长避短，充分发挥品种的优势，以免造成不必要的损失。四是技术性，在种子经营活动中，必须是要懂得农业技术的人员经营种子。农业生产千差万别，每种作物的各个品种又有各自的特性。有的在甲地能增产，在乙地就不一定能增产；有的抗逆能力强，适应范围广，有的则不一样；有的需肥水平高，有的则不耐肥等等。因此，要根据每个品种的具体情况，在种子销售过程中，给购种者宣传相应的栽培技术措施，做到良种良法，才能充分挖掘良种的增产潜力，达到增产，增收的目的。

2. 种子公司经营良种主要是面向农民服务

农业生产是自然再生产和经济再生产过程交织在一起的，具有强烈的季

节性和严格的农时要求。品种又具有明显的地域性、不稳定性等特点，所以要求种子施工要及时预测，把握住市场脉搏及时供应良种，以满足农业生产需要。农民的文化素质普遍较低，种子公司在销售种子的同时，要配套提供优质完善的售后技术服务，要定期到田间指导。

3. 种子公司经营管理的复杂性

种子公司的经营管理涉及农业生产、工业生产和商业性经营业务，不但要以种子为主，还要积极开展多种经营，如种植机械、选种机械、种子加工机械、种子质量检验仪器等。既要为农业生产服务，又要处理公司和下属单位及职工之间的关系；既要处理公司与农户的关系，又要处理公司与国家的关系，还要处理与其他经济组织和有关管理部门之间的关系。所以，种子公司的经营管理比其他单纯生产性的企业或商业性的公司要复杂得多、困难得多。

4. 种子公司经营管理水平的不平衡性

由于不同的公司所在地区的自然条件和社会经济条件、发展的历史特点、原有的素质和改革的进程不同，因而经营管理水平也不相同。一般公司经营管理的基础工作比较薄弱，管理人员的业务素质不高，尤其是懂外语和种子深加工技术的人员很少。

四、搞好经营管理的关键

1. 信息要灵、品种要新

在市场经济迅速发展竞争异常激烈的今天，要想掌握经营的主动权，就要敏捷地捕捉市场信息，及时掌握各地的种子行情为我所用。如果信息闭塞，行情不清，经营工作就必然带有盲目性。因此，要搞好种子经营工作，就要充分利用现代化的通讯设备和宣传工具，建立信息服务网络，广泛收集各地的种子供求信息，价格行情，为种子经营工作提供及时可靠的信息服务。根据各地经验证明，凡是种子经营搞得活，经营效益好的单位，他们在品种（或组合）上总是推陈出新的，建立了品种的梯队结构，有了自己的品种库，每年都能拿出一至二个新品种推向市场用于生产。

2. 要以质优价廉的种子服务于社会

种子质量就是种子工作的生命线，也是国有种子公司及其他经营种子的单位生存的关键所在。这里所说的种子质量，除了要有优良的品种外，其种子本身的质量也要好，这就是通常所指的种子质量的四大指标，即包括种子的净度、纯度、发芽率、含水量等都要达到国家种子质量标准。同样的品种，如果种子质量是上乘的，就可以在市场竞争中取胜。相反，如果所销售的种子质量不好，或者是一些假劣种子，不仅会砸了自己的牌子，还会造成坑农、害农的恶果，给农业生产造成严重的减产损失。因此，种子公司所经营的各类饲草种子和农作物种子，一定要进行严格的质量检验，把好种子质量关，凡是不符合质量标准的种子，坚决不收购，不调运，不销售，做到质量第一，信誉第一，取信于民。在质量好的基础上价格还要廉，在激烈的市场竞争中，经营者都期望通过经营种子来获得一定的利润，这是经营者的主要目的之一。但是如果不遵循价值规律，不顾消费者的利益，单纯追求高额利润，任意抬高价格，使农民难以承受，也必然会使经营工作受阻。所以，种子经营应坚持“以农为本、为农服务、薄利多销”的原则，获取合理的购销差价。特别是在品种相同，质量相等的情况下，种子价格要以廉取胜，以低于同类产品价格的优势来吸引顾客，占领种子市场。在质优价廉的基础上，还要搞好服务质量。种子经营的主要对象是农民，因此，在农村有着广阔的销售市场。特别是近年来，随着农村产业结构的高速和商品经济的发展，广大农民对各类饲草种子和农作物种子的需求愈来愈多，要求也愈来愈高。为了满足广大农民对各类良种的需求，从事种子经营的业务部门要主动深入农村，调查了解群众的需求情况，然后积极组织种源，及时向他们提供高产、优质、适销对路的品种，并做到送种到乡、村，传授技术到户，用优质、周到的服务来感化群众，争取更多的客户。

3. 要注重效益的提高

从事种子经营的目的，首先是要考虑提高社会效益，在注重社会效益的同时，也要考虑自身的经济效益，不能总是做亏本生意。为了自身的生存和进一步扩大再生产领域，就要把社会效益和自身的经济效益放到同等位置上来，以争取两个效益的全面提高。

4. 搞好种子经营决策

为保证两个效益的全面提高，种子经营还应根据种子商品的特性和市场调查做出下列决策。一是品种决策，对经营什么品种进行的一种决策，该项决策正确与否，直接影响种子的销售量和种子积压或短缺现象的发生。决策时一般一个地区要确定好当家品种的经营和搭配品种的经营，同时还要根据科研动态经营一些新的品种，为今后品种的更新换代奠定基础。决策的品种做到与市场和生产要对路。二是数量决策，在品种决策的基础上，对主营品种（当家品种）和次营品种（搭配品种）数量进行决策。经营数量要考虑市场的需求量和当地播种面积。尽量做到既满足生产要求不误农时，又要不积压而减少损失。三是价格决策，对种子价格的决策包括收购价和销售价的决策。收购价的确定要根据种子生产成本，市场的价格行情而进行，它既要确保农民的利益，又要适应市场要求。销售价的确定是根据收购价，应获的毛利和市场行情等因素来决定的。同时销售价还必须考虑地理位置的远近和交通条件的方便与否来决定，以便消除买方对地理偏僻和交通运输费用高的心理压力。总而言之，价格决策不是千篇一律和一成不变的，不同的品种有不同的价格，不同的质量有不同的价格，不同经营方式也有不同的价格。在遇到市场供大于求时，价格下浮；供不应求时价格上浮，这样才能适应多层次的要求和市场的变化。四是经营方式决策，经营方式的决策是在经营过程中对经营的方法和手段选择的过程，经营方式原则上是采取灵活多样的方法，以适应市场的要求。经营方式有联营、经销、代销、批发和零售等。具体采用何种方式应视实际情况而定。一般比邻的兄弟县公司之间可采用联营方式，以便加强双方责任感和互为取长补短。县内以经销、代销方式，以解决资金不足和风险问题。

5. 搞好种子宏观调控

在搞好前面种子经营管理工作的同时，还有一个重要的问题，就是要搞好种子宏观调控。这是由于种子生产周期长，技术性强，产量常受自然气候的影响，农业生产用种需求量又极不稳定，致使种子公司和其他种子生产经营单位的生产经营既要承受自然风险，又要承担市场风险的压力。多年来，种子多了又少，少了又多，种子公司及其他种子经营单位吃尽了苦头。若要这种痛苦局面不再继续下去，唯有切实加强种子宏观调控，缓解双重风险，才是最好的措施。当然种子宏观调控，不是某一个种子公司，或某一个种子经营的其他单位能办到的，这还必须由国家政府部门来承担这项工作。一是要完善国家种子贮备库，除国家安排一定的贮备数量外，地方各级也要安排贮备一定的数量，但贮备的设备、资金应由国家来统筹安排。二是要建立种子保护价制度，由于种子产销有双重风险，特别是生产者和使用者都是农村，对象都是农民。种子价格过高或过低，农民都是直接的受害者。不仅如此，种子价格的波动，往往引起抢购大战，导致忽视种子质量。因此，由政府建立种子保护价制度，实行最高限价和最低保护价，指导种子购销正常进行，这是种子宏观调控体系中不可缺少的重要手段。三是建立种子信息网，沟通种子信息是宏观调控的必要手段，因此，需要尽快把信息系统建立起来，在全国形成网络，使之能为种子市场的正常运作提供指导和服务，能为种子主管部门的宏观决策提供准确无误的依据。

第二节　种子经营管理的内容和目的

一、种子生产管理的内容

1. 种子生产管理内容

包括生产过程的组织、生产能力的核定、生产计划的制订与执行、日常的生产准备、种子基地的规模、种子基地选址、种子基地建设、设备和工具管理、种子生产成本控制、安全生产及环境保护等。把种子企业的生产、销售全过程作为一个整体和系统，实行全面、有效的计划、组织和控制，以实现种子企业生产的预期目标。

2. 种子生产管理的目的

种子生产管理的目的是在种子生产过程中，坚持防杂保纯，以“防杂重于去杂，保纯重于提纯”为指导，保证种子的纯度，降低种子退化的速度。要保证种子的纯度，要从以下工作着手。

①积极做好宣传工作，要使各层领导、生产者都能认识到防止品种混杂退化的重要性，使良种繁育企业全员都能重视种子工作，处处为良种防杂保纯着想。

②建立严格的规章制度，确保防止品种混杂退化措施的贯彻执行；尽快实行品种布局区域化，简化生产上的栽培品种。这样既有利于防止机械混杂，又有利于防止生物学混杂。在良种繁育过程中，严格掌握可能造成种子混杂的每一个环节，严防人为的机械混杂。建立“三圃”及种子田栽培管理技术规程，满足品种优良遗传特性的要求，防止自然选择的不利作用。

③建立一支良种繁育的专业队伍，并熟练掌握良种繁育的基本知识与操作技术。创造良好的栽培管理条件，使品种的优良特性得到充分的表现和巩

固，便于正确的评选和鉴定，有利于保持品种优良经济性状的相对稳定性，延长优良品种在生产上使用的时间。必须强调栽培管理的一致性。要求试验地肥力均匀，田间操作技术力求一致，以最大限度减少人为造成的差异，保持鉴定选择的正确性。

二、种子加工管理

1. 种子加工管理内容

通过机械物理作用去掉杂物、未成熟的、遭受病虫害的或机械损坏的种子；按种子大小分类，或用保护性的药品及其他方法对种子进行包衣、拌药处理。

2. 种子加工管理的程序

种子加工以提高种子质量为主要任务，以种子精选为中心，包括：种子清选、烘干、精选、包衣、包装等程序，见前第四章内容。

三、种子质量检验管理

（一）种子质量

1. 种子质量

种子质量是种子使用价值最重要的方面，种子质量管理的思路是以服务营销、创造利润为目的，以提高质量、防控风险、降低成本、增进效率为目标，切实落实质量责任，强化管理，最大限度地降低质量成本。种子质量广义理解主要有以下几个方面。

（1）适应性：指品种在不同的地区自然条件、栽培管理水平、特殊环境下其特征特性的适合程度及病虫害发生程度。

（2）可靠性：指品种在规定的时期内、规定的条件下，完成产量、质量能力的大小和可能性。

（3）经济性：指品种在正常栽培条件下，使用生产资料、劳力、动力、燃料等维持生产费用的多寡及创造经济价值的能力。

2. 提高全面质量管理的方法

全面质量管理是种子企业保证和提高种子质量运用的一整套质量管理体系、手段和方法进行的系统管理活动。也就是组织企业全体职工和有关部门参加，综合运用现代化科学和管理技术成果，控制种子质量的全过程和各因素，经济地研制、生产和提供农民满意的种子系统管理活动。提高全面质量管理的方法如下。

（1）增强企业全员的质量意识：种子企业必须增强质量意识，端正业务指导思想，正确理解种子作为商品应遵循价值规律，克服短期行为，增强搞好质量意识的责任感，把加强种子质量管理，贯穿到生产、经营、贮藏等各个环节中去，形成人人重质量、抓质量的局面。

（2）建立可靠的种子生产基地：保证质量必须由种子生产的源头抓起，建立可靠的种子生产基地，至少具备两条：一是要达到一定生产规模。规模生产，既便于管理，又隔离安全。二是达到规范生产。基地制种做到五统一即“统一种源、统一供种、统一去杂、统一田间检验、统一收购入库”。

（3）建立科学的种子加工体系：这是提高种子质量、提高使用效益的科学途径。坚持规程化种子加工流水线工作方法，减少加工过程的品种混杂现象发生，严格按国家规定的标准进行种子分级，按分级进行种子检验。

（4）建立健全种子检验体系，制定严格的质量管理制度：种子检验是种子质量管理的技术措施。种子企业要搞好自查、自检，对所检验的种子质量进行登记，做到每一批种子都来源明确、底码清楚，质量可靠。在质量管理制度上，一是种子检验员按检验规程操作，认真把好质量关，杜绝“人情种”，任何人都不得干扰检验员的工作；二是从种子生产到使用每个环节都要与技术管理干部、技术人员、检验员、保管员、营业员的岗位职责直接挂钩；三是建立种子质量鉴定田，实行种子质量保证金制度；四是建立种子售后质量跟踪服务制度，实行质量担保。

（5）建立健全社会质量监督体系：加强社会和政府各职能部门对种子质量的管理监督。一是依据《中华人民共和国种子法》及有关政策和法规，对种子市场进行规范化管理，严格落实“三证一照”制度，对无照、无证生产、经营种子的单位和个人，要依法坚决查处，严厉打击生产、销售假冒伪劣种子的不法分子；二是种子使用者要增强法律和自我保护意识。

（二）种子检验

1. 检验人员的要求

检验是种子质量保证的关键环节，国家及企业对检验人员都有特定的要求。

①2001年农业部发布的《农作物种子生产经营许可证管理办法》中规定：申请主要农作物种子生产许可证、经营许可证必须有2名以上经省级以上农业行政主管部门考核合格的种子检验人员。

②企业内部对检验人员的管理应有别于其他经营管理人员。检验人员的工作只对检验结果和种子质量负责。

2. 种子检验的主要内容

种子经营过程中的种子检验主要内容包括品种品质和播种品质两个方面。

3. 种子检验方法步骤与程序

种子检验分田间检验与室内检验两部分。田间检验是在作物生育期间，到原种圃或种子田对植株取样分析鉴定；室内检验是在种子收获脱粒以后，到现场或库房扦取种子样品，回室内进行检验分析。

（1）品种纯度检验：品种纯度检验分田间检验和室内检验两部分。只有田间检验品种纯度合格的种子，才准予室内检验。田间与室内品种纯度检验的两个结果，一般以纯度低的结果为准。

田间检验：田间检验的时期，以品种特征特性表现最明显时为宜，通常分别在苗期、花期、成熟期检验3次。

在田间检验前，了解种子产地、来源、种子等级，供种单位“三证一照”是否齐全，种子田的隔离情况，良种繁育及栽培管理技术等情况。

室内检验：品种纯度的室内检验，以种子形态鉴别和种苗鉴别为主。

（2）种子播种质量的检验：种子播种质量的检验主要在室内进行。包括扦样与分样、种子净度、种子发芽力、种子含水量等。种子检验方法按照第七章内容进行。

四、种子运输管理

种子从生产基地到需求地由分散到集中，又由集中到分散的位置转移的过程就是种子运输。种子调运有较强的季节性、对运输条件要求比较严格、短途运输量大，所以在运输过程中必须仔细周密的进行计划和严格管理。

1. 运输工具的管理

合理采用运输工具，种子运输的时间要快，距离就近，直线运输，费用尽量减少，时间和运价是评价运输方案优劣的依据。

①根据种子产销地分布情况和交通运输条件，确定种子的合理流向。把种子的产、供、运、销关系用流向图表示出来，选择合理流向的运输线路，使种子运输合理化。

②采取直达、直线运输。种子运输中尽量减少中间不必要的层次和环节，把种子从产地或起运地直接运到销售地或用户手中。

③选择运输工具时应按照“及时、安全、准确、经济”的原则，通过运输时间、里程、环节、损耗、费用等项目对比计算，选择最合理的运输工具组织运输。

2. 种子发运计划

种子发运是履行种子经济合同的重要环节，企业应按照合同约定的期限、地点和方式认真组织发运工作，以保证营销工作的顺利进行。

①做好发运计划。种子发运前根据各品种的签约量和实际生产量，安排对各用户的种子兑现数量，然后分品种、分区域确定种子流向、发运顺序及时间，制订出切实可行的种子发运计划。

②报批铁路车皮及集装箱计划。种子的长途运输主要靠铁路运输，公路运输只能作为辅助措施，用于中短途和小量种子运输。铁路运输必须纳入全国运输计划，这就要求种子企业在种子发运前按照铁路部门的规定申报车皮或集装箱计划。

③按照铁路发运计划及时备足种子。所要运的种子要提前准备好，切不可耽误当月铁路发车。如果当月不发车，车皮计划将作废，而重新申报车皮计划又需要1~2个月时间，既影响对方的销售，又不利于本企业创收。

④办理必要的手续。按照有关规定，种子长途调运过程中必须提供相关种子检验合格证、种子检疫证，因此这些必要手续需提前到有关部门办理好。

3. 组织发运

①当日请车，即日报批。发车的计划获批后，要与铁路计划运输部门保持联系，当日要车计划获得批准后，立即组织人力和运输车辆将种子运到车站。种子企业必须有专职人员负责种子发运工作，以加强同铁路计划部门和车站货运室的联系，及时提报计划，组织上货及发车。

②组织上货。获得日批车后，要及时组织人力和运输车辆将种子运到车站。上货前，负责发运人员要向种子检验员索要种子检验合格证书，同种子保管员对所发品种进行检验接货，递交种子出库单。上货时，要严防种子丢

失、破包等现象发生。运到后要安排专人看管。

③组织装车。装车前要填写货物运单，填好后要仔细检查。装车时要同货运管理人员一同清点货物件数，监督装车。要注意雨淋和丢失。

五、种子销售管理

1. 销售凭证

种子经营实行许可制度。从事种子经营的单位和个人应当符合《中华人民共和国种子法》规定的条件，并按法定程序取得种子经营许可证。种子经营许可证实行分级审批发放制度。种子经营许可证由种子经营者所在地县级以上地方人民政府农业、林业行政主管部门核发。主要农作物杂交种子及其亲本种子、常规种原种种子、主要林木良种的种子经营许可证，由种子经营者所在地县级人民政府农业、林业行政主管部门审核，省、自治区、直辖市人民政府农业、林业行政主管部门核发。实行选育、生产、经营相结合并达到国务院农业、林业行政主管部门规定的注册资本金额的种子公司和从事种子进出口业务的公司的种子经营许可证，由省、自治区、直辖市人民政府农业、林业行政主管部门审核，国务院农业、林业行政主管部门核发。草种、食用菌菌种的种质资源管理和选育、生产、经营、使用、管理等活动，参照以上规定执行。

2. 对销售人员的要求

种子企业销售人员的工作在各种类型企业不尽相同。在小型企业，经营管理人员的销售工作只是其工作的一部分。种子门市的销售人员，面对是零散的客户，除销售种子外，还销售其他农资。正规的公司销售工作应包括：收集市场信息、寻找目标市场、寻找目标顾客、业务洽谈、订立合同、组织发运、货物交接、封存样品、催款结款、协助客户销售、定期拜访老客户、售后回访、当地用种户意见及生产情况调查等。一名合格的销售人员应具备以下几方面的素质。

①熟悉本行业的市场情况。

②熟悉经营品种及同类品种的特点。

③了解同类企业的情况。

④敏锐的市场洞察能力。

⑤吃苦耐劳的心理素质和身体素质。

⑥牢固的质量意识。

3. 对销售管理的监管

农业行政主管部门及种子管理机构应当加强对种子的监督检查，及时查处种子经营违法行为。农业行政主管部门及种子管理机构依法执行公务时，可以行使以下权利：①有权进入种子经营场所进行现场检查；②按照种子质量检验规程抽取样品；③依法对可能灭失或以后难以取得的证据先行登记保存；④查阅和复制涉嫌违法经营者的合同、发票以及账簿等凭证。

参考文献

[1] Budelsky R A and S M. Galatowitsch. Effects of Moisture, temperature, and time on seed germination of five wetland Carices: implications for restoration . Restor . Ecol ., 1999, 7: 86 ~ 97

[2] Choy S J G, Vela J W. Effect of cutting date and phosphorus fertilizer application on seed production in Brachiaria humidicola. Effect on synchronization of flowering, yield and production costs. Pasturas Tropicales, 1999, 21 (3): 36 ~ 41

[3] Hampton J G, *et al*. Seed technology- past, present and future. Seed Sci & Technol, 1999, 27: 681 ~ 702

[4] International Seed Testing Association (ISTA). International rules for seed testing 1999. Seed Science &Technology, 1999, 27 (supplement): 27 ~ 32

[5] R E Barker; W F Pfender; R E Welty, Selection for stemurst resistance in tall fescue and its correlated response with seed yield. Crop Science, 2003, Jan/Feb 43, 1; Pro Quest Biology Jorunals. 75 ~ 80

[6] William C, Young I I I, Harold W, *et al*. Management studies on seed production of turf type tall fescueiv: seed yield. Agron J, 1998, 90: 474 ~ 477

[7] 毕辛华，戴心维. 种子学. 北京：中国农业出版社，2002

[8] 巴哈提，赛尔哈孜. 草种收获与贮藏. 新疆畜牧业，2009 (2): 59 ~ 60

[9] 蔡得田. 水稻无融合生殖理论与实践. 长沙：湖南科学技术出版社，1998

[10] 晁德林. 牧草种子基地建设基本经验和措施初探. 草业科学，2006，23 (2): 50 ~ 53

[11] 陈宝书，王建光. 牧草饲料作物栽培学. 北京：中国农业出版社，2001

[12] 陈秀春，袁绍华. 种子室内发芽试验易出现的问题与对策. 种子科技，2008 (1): 51 ~ 52

[13] 丁成龙，沈益新，顾洪如. 春施多效唑对高羊茅生长及种子生产的影响.

草业学报，2002，11（4）：88~93
[14] 戴铮. 种子发芽率与生活力的相关性研究. 种子，2004（9）：68~69
[15] 杜青林. 中国草业可持续发展战略. 北京：中国农业大学出版社，2006
[16] 杜利霞，李青丰，刘义. 不同贮藏时间对牧草种子萌发特性的影响. 中国草地，2005，27（1）：17~21
[17] 房丽宁，韩建国. 施肥及生长调节剂对高羊茅种子产量的影响. 草地学报，2000，8（3）：164~170
[18] 付登伟. 四川紫色丘陵区不同粮草种植模式效应研究. 西南大学，2010
[19] 顾仁宏. 机械烘干的技术关键及发展途径. 江苏农机化，2000（1）：16~17
[20] 顾洪如. 牧草的无融合生殖及育种. 国外畜牧学—草原与牧草，1990（2）：8~10
[21] 郭贵林，邢启妍. 黑龙江省植物检索表. 哈尔滨：黑龙江人民出版社，1990
[22] 韩建国. 国内外草坪草种子生产. 北京园林，2000（2）：23~26
[23] 韩建国. 加拿大的牧草种子生产. 世界农业，1997（10）：37~39
[24] 韩建国，李敏. 牧草种子生产中的潜在种子产量及实际种子产量的影响. 草地学报，2005，13（1）：16~22
[25] 韩建国. 牧草种子学. 北京：中国农业大学出版社，2010
[26] 韩建国. 美国的牧草种子生产. 世界农业，1999（4）：43~45
[27] 韩建国，毛培胜. 牧草种子生产的地域性. 草业与西部大开发学术研讨会暨中国草学会2000年学术年会论文集，2000
[28] 韩建国. 欧盟的牧草种子生产. 世界农业，1997（4）：38~39
[29] 韩建国，Rolston M P. 新西兰的牧草种子生产. 世界农业，1994（11）：18~20
[30] 贺晓，李青丰，索全义. 旱作条件下施肥对老芒麦和冰草种子产量及构成的影响. 干旱区资源与环境，2001，15（5）：79~83
[31] 洪绂曾，仁继周. 草业与西部大开发. 北京：中国农业出版社，2001
[32] 洪彩香. 腰果种子发芽率的快速测定方法. 热带农业科学，2003（8）：5~9
[33] 胡晋，李永平，颜启传. 种子水分测定的原理和方法. 北京：中国农业

出版社，2008
[34] 黄群策. 禾本科植物无融合生殖的研究进展. 武汉植物学研究，1999(17)：39～44
[35] 黄卫华. 如何做好种子净度分析. 吉林农业，2011 (2)：112
[36] 黄秋萍. 新形势下种子检验工作的现状和发展趋势. 云南农业，2007(2)：32～33
[37] 黄高宝，张恩和. 禾本科豆科作物间套种植对根系活力影响的研究. 草业学报，1998，7 (2)：18～22
[38] 江玉林，曹致中. 牧草的无融合生殖及育种. 国外畜牧学—草原与牧草，1993 (4)：15～19
[39] 景树. 对新形势下种子检验工作的几点思考. 种子科技，2001 (6)：318～319
[40] 金文林. 种业产业化教程. 北京：中国农业出版社，2002
[41] 柯世省. 种子包衣处理. 生物学教学，2004
[42] 兰剑，张丽霞，邵生荣等. PP333 对多年生黑麦草营养生长及结实性能的影响. 四川草原，2002 (4)：27～32
[43] 李存福. 无芒雀麦－紫花苜蓿繁殖特性及种子生产技术研究. 中国农业大学博士论文，2005
[44] 李聪，王赟文主编. 牧草良种繁育与种子生产技术. 北京：化学工业出版社，2008
[45] 李平，陈放，周桂梅. 无融合生育在植物育种中的应用——水稻无融合生殖研究. 成都：四川科学技术出版社，1991
[46] 李漫江，何军，冯欣. 脱粒机械与脱粒装置. 农机化研究，2004 (2)：124～125
[47] 李青丰. 加强管理提高产量稳定市场：牧草种子业前景广阔. 草业大观，2002 (17)：6～8
[48] 李青丰，王芳. 北方牧草种子生产的气候条件分析. 干旱区资源与环境，2001，15 (5)：93～96
[49] 李青丰，易津. 牧草种子萌发检验标准化的研究. 中国草地，1995 (6)：39～43
[50] 李金玉，刘桂英. 良种包衣新产品一药肥复合型种衣剂. 种子，1990

(6)：53～56

[51] 李金玉. 种衣剂良种包衣技术要点. 农药，1999，38（6）：36～38

[52] 李健强，李金玉，沈其益等. 中国药肥复合型种衣剂的研制及应用. 世界农业，1994（10）：16～18

[53] 李蕾蕾，李聪，王永辰等. 施肥对沙打旺种子产量构成因素及种子产量的影响. 中国草地学报，2007，29（6）：64～68

[54] 李和平，孙蒙祥. 草地早熟禾无融合生殖现象的研究. 武汉植物学研究，1991，9（1）：11～16

[55] 李和平，孙蒙祥. 草地早熟禾胚胎学研究：多胚囊的发育. 武汉植物学研究，1996，14（1）：25～29

[56] 李红，杨伟光. 苜蓿草对黑龙江省发展节粮型畜牧业的战略意义. 2009中国草原发展论坛论文集. 北京：第三届中国苜蓿发展大会，2009

[57] 李红，杨伟光，黄新育. 苜蓿良种繁育关键技术研究. 中国草学会青年工作委员会学术研讨会论文集（上册）. 上海：中国草学会青年工作委员会学术研讨会，2010

[58] 李红. 黑龙江省牧草育种研究现状及发展方向. 黑龙江畜牧兽医，2005（11)：68～69

[59] 李世忠，谢应忠，徐坤. 国内外禾本科牧草种子生产的研究进展. 中国种业，2005（7）：17～19

[60] 李心平，张伏，高连兴. 玉米种子脱粒装置的结构技术剖析. 农机化研究，2008（6）：24～26

[61] 李志昆. 影响牧草种子生产的环境因素. 养殖与饲料，2008（3）：78～79

[62] 林丽萍. 浅谈种子检验人员的素质建设. 种子科技，2005（3）：130

[63] 刘波，孙启忠，刘富渊等. 4种多年生禾本科牧草种子收获方法的研究. 安徽农业科学，2008，36（16）：6722～6724

[64] 刘玲珑，吴彦奇. 无融合生殖在牧草育种上的应用. 草业科学，2000，17（6）：26～30

[65] 刘洪军. 牧草种子的生产、收获及贮藏方法. 种植与环境，2011（7)：253

[66] 刘千，罗浩，蔡文国. 川牛膝种子发芽试验与生活力测定方法的研究. 种

子，2011，30（7）：20～25

[67] 刘贵林，杨世昆，贾红燕. 我国苜蓿种子收获机械研究的现状和发展. 草业科学，2007，24（9）：58～62

[68] 刘贵林，杨世昆，王振华. 苜蓿种子收获机械的开发. 农业机械，2006（7）：73～74

[69] 刘自学. 中国草业的现状与展望. 草业科学，2002，19（1）：6～8

[70] 吕海忠，李文欣，张丹. 浅析种子生活力的四唑测定. 种子科技，2009（10）：34～35

[71] 罗明，开达. 植物的无融合生殖及其在作物育种中的应用. 四川农业大学学报，1992，10（1）：80～86

[72] 罗新义，曲善民，尤海洋. 黑龙江省牧草种质资源的研究及其开发利用. 黑龙江省畜牧兽医，2006（9）：64～66

[73] 马春晖，韩建国，孙铁军. 禾本科牧草种子生产技术研究. 黑龙江畜牧兽医，2010，6（上）：89～92

[74] 马春晖，韩建国，张玲等. 施氮肥对高羊茅种子质量和产量组成的影响. 草业学报，2003，12（6）：74～78

[75] 马春晖，韩建国，孙洁峰等. 火烧、施氮肥对结缕草种子产量和质量的影响. 草地学报，2007，15（2）：113～117

[76] 马爱玲，王新明，孙德江. 种子生活力的快速测定法. 中国种业，2002（5）：24

[77] 马莉贞，谢永丽. 禾本科牧草无融合生殖的研究进展. 青海草业，2001，10（3）：27～30

[78] 毛培胜，韩建国，王颖等. 施肥处理对老芒麦种子质量和产量的影响. 草业科学，2001（4）：7～12

[79] 毛培胜. 牧草种子发育生理及成熟度、施肥对种子质量和产量的影响. 中国农业大学博士论文，2000

[80] 毛凯，周寿荣. 豆科牧草与冬小麦间作的群体产量结构及其生产效益. 草业科学，1994，11（2）：25～27

[81] 陈宝书主编. 牧草及饲料作物栽培学. 北京：中国农业出版社，2001

[82] 全国牧草品种审定委员会. 中国牧草登记品种集. 北京：中国农业大学出版社，2006

[83] 任健，毕玉芬. 退耕还草地牧草种子生产技术探讨. 种子，2002（5）：53～54
[84] 茹光平. 种子检验中如何扦取有代表性的种子样品. 种子科技，2009（5）：37～38
[85] 孙锦秀，张平，孙先明. 黑龙江省牧草种子收获机械研究现状及发展. 农机化研究，2006（2）：32～33
[86] 孙铁军. 施肥对禾本科牧草种子产量形成及种子发育过程中生理生化特性的影响. 中国农业大学博士论文，2004
[87] 石亚萍，蔡静平. 种子发芽率快速测定方法的研究进展. 中国种业，2008（2）：13～14
[88] 史眉芳. 强化种子检验工作的几点措施. 种子科技，2003（1）：24～25
[89] 史兆庆. 香椿种子发芽率测定方法的研究. 山西林业科技，2002（3）：9～11
[90] 盛海平，汪为民，刘华开等. 水稻种子生活力四唑测定值与发芽率间的相关性. 种子，2000（2）：30～30
[91] 田慧梅. 粮草间作的光能利用率和产量的关系. 黑龙江农业科学，1998（2）：23～25
[92] 王慧君，王志刚. 加强牧草种子的监督管理工作. 新疆畜牧业，2010（5）：7～8
[93] 王建华，谷丹，赵光武. 国内外种子加工技术发展的比较研究. 种子，2003（5）：74～76
[94] 王佺珍. 水肥耦合对6种禾本科牧草种子产量和生产性能的效应. 中国农业大学博士论文，2005
[95] 王显国，韩建国，刘福渊. 穴播条件下株行距对紫花苜蓿种子产量和质量的影响. 中国草地学报，2006，28（2）：28～32
[96] 王显仁. 李耀明. 脱粒原理与脱粒过程的研究现状与趋势. 农机化研究，2010（1）：218～221
[97] 吴德敏. 用生活力预测种子发芽率相关性试验研究. 中国种业，2003（4）：31～33
[98] 吴学宏，刘西莉，王红梅等. 我国种衣剂的研究进展. 农药，2003，42（5）：1～5

[99] 徐万宝主编. 草地生产机械化. 呼和浩特：内蒙古人民出版社，2002
[100] 徐荣. 施氮及灌溉对草坪型高羊茅种子产量和质量的影响. 中国农业大学博士论文，2001
[101] 徐秀英，张维强. 对我国牧草生产机械化现状及发展机遇的思考. 中国农机化，2004（3）：14～16
[102] 徐胜，张新全，吴彦奇等. 我国草种业发展现状与对策. 四川草原，2001（4）：7～10
[103] 游明鸿，卞志高，仁青扎西等. 牧草种子加工技术规程. 草业与畜牧，2009（2）：61～62
[104] 杨京平，姜平，陈杰. 施氮水平对两种水稻产量影响的动态模拟及施肥优化分析. 应用生态学报，2003，14（10）：1654～1660
[105] 杨明韶，张永，毕玉革. 我国草业机械工程发展趋势的研究. 农业现代化研究，2004（1）：14～18
[106] 依布拉音，托力肯. 牧草草种的收获与贮藏. 新疆畜牧业，2007（2）：53～54
[107] 云锦凤主编. 牧草及饲料作物育种学. 北京：中国农业出版社，2001
[108] 云锦凤主编. 牧草育种技术. 北京：化学工业出版社，2004
[109] 云锦凤，马鹤林. 抓住机遇、迎接挑战、开创我国牧草育种工作的新局面. 草业与西部大开发. 北京：中国农业出版社，2001
[110] 颜启传. 种子检验原理与技术. 杭州：浙江大学出版社，2001
[111] 颜启传主编. 种子学. 北京：中国农业出版社，2001
[112] 贠旭疆等著. 中国主要优良栽培草种图鉴. 北京：中国农业出版社，2008
[113] 翟桂玉，李祥斌，荀建强. 牧草种子生产管理的若干技术问题. 畜牧与兽医，2002，34（5）：14～16
[114] 张锦华，李青丰，李显利. 氮、磷肥对旱作老芒麦种子生产性能作用的研究. 中国草地，2001，23（2）：38～41
[115] 张有福，蔺海明，贾恢先. 紫花苜蓿和饲用玉米对引黄灌区土壤盐分的抑制效应. 甘肃农业大学学报，2004，39（2）：168～172
[116] 张春庆，王建华. 种子检验学. 北京：高等教学出版社，2005
[117] 张永莉. 种子加工与包装技术. 上海蔬菜，2012（3）：18～19

[118] 张勤光. 种衣剂的种类及使用注意事项. 河北农业科技，2001（1）：24
[119] 赵欣欣，杨立冬，于运国等. 种子净度分析注意事项和存在的问题. 种子科学，2010（5）：15～16
[120] 周群喜. 种子扦样和送样检验应该注意的几个问题. 种子科技，2010（4）：9～10
[121] 邹岚，蒯慧，王影等. 牧草种子加工机械技术现状及发展对策探讨. 农机化研究，2008（5）：240～243
[122] GB/T2930.1—2001，牧草种子检验规程中华人民共和国国家标准
[123] 中华人民共和国农业部主编. 农作物种子定量包装. 北京：中国标准出版社，2002
[124] 中国农学会主编. 种子工程与农业发展. 北京：中国农业出版社，1997
[125] 朱红彩，马朝阳，马海涛. 搞好质量管理把好种子检验. 中国种业，2011（1）：34

常见饲草种子

彩图 **1**　苜蓿花序

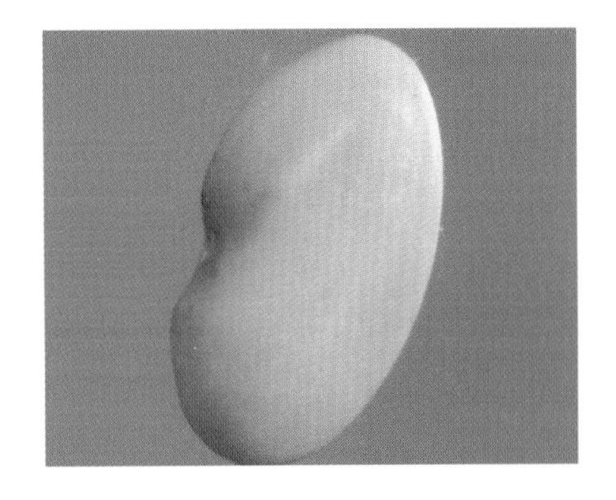

彩图 **2**　苜蓿种子

彩图 **3**　红豆草植株

彩图 **4**　红豆草种子和荚果

彩图 **5**　沙打旺种子

彩图 **6**　百脉根荚果

彩图 **7** 百脉根种子

彩图 **8** 二色胡枝子植株（贠旭疆，2008）

彩图 **9** 二色胡枝子荚果

彩图 **10** 小冠花植株

彩图 **11** 小冠花种子

彩图 **12**　黄花草木樨荚果和种子

彩图 **13**　柠条荚果和种子

彩图 **14**　白三叶植株、种子

彩图 **15**　毛苕子荚果和种子

彩图 **16**　扁蓿豆植株（贠旭疆，2008）

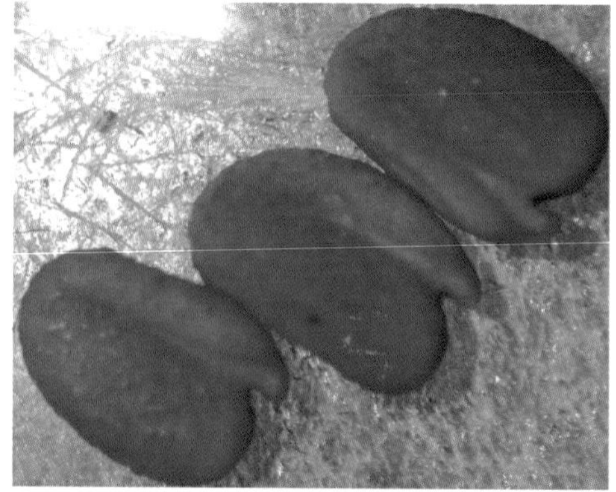

彩图 **17**　扁蓿豆种子

彩图 18　冰草植株

彩图 19　诺丹冰草种子

彩图 20　多年生黑麦草植株（贠旭疆，2008）

彩图 21　多年生黑麦草种子

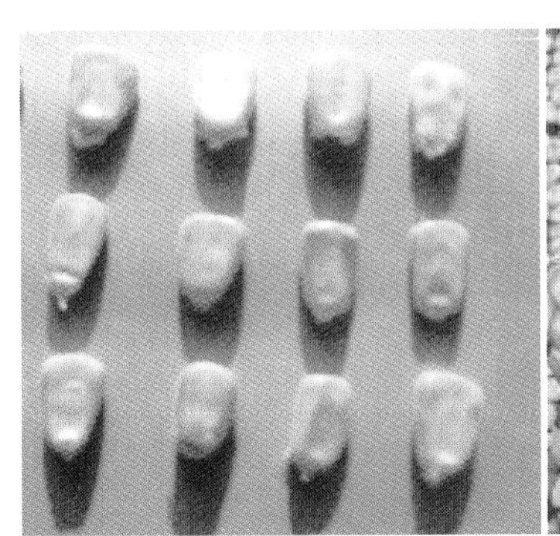

彩图 22　玉米种子

彩图 **23**　无芒雀麦花序和种子

彩图 **24**　苇状羊茅植株、小穗和种子（贠旭疆，2008）

彩图 **25**　老芒麦花序和种子

彩图 26　披碱草种子

彩图 27　鸡脚草植株和种子

彩图 **28**　籽粒苋植株和种子

彩图 **29**　串叶松香草植株和种子

彩图 **30**　菊苣种子